オールラウンド中型機

ボーイング 787 &767

A☆50/Akira Igarashi

脇役から大空の主役へ！ VS 飛躍する中型ジェット機

KAJI

エアバス A330 &A340

イカロス出版

時代が、世界が、
求めた万能性

Versatile Mid-size Airliner

A350/Akira Igarashi

Inspiration of JAPAN ANA

旅の形と航空ビジネスを革新
次世代旅客機のフロンティア

Boeing787

A☆50/Akira Igarashi

Charlie FURUSHO

Airbus A330

A300とA320のDNAを受け継いだ
エアバスの傑作ワイドボディ機

KAJI

Boeing767
双発機の未来を拓いた
万能中型機の先駆け

メーカー競争力を強化した
エアバス初の長距離四発機

Airbus A340

KAJI

Charlie FURUSHO

CONTENTS

目次写真：Charlie FURUSHO
表紙写真：A☆50/Akira Igarashi（上）
　　　　　umayadonooil RYO.A（下）
裏表紙写真：Charlie FURUSHO

Charlie FURUSHO

Boeing787

A☆50/Akira Igarashi

Boeing767

KAJI

ゲームチェンジャーとなった787
多様な路線特性に対応する万能性
「中型機」躍進の理由

高い経済性と航続能力を有するボーイング787の登場以降、国際線・国内線を問わず、
旅客機の世界で主役の座を占めるようになった印象さえある中型ジェット機。
幹線ほどの需要がなくても就航できることからさまざまな路線に適合し、
まさにオールラウンドな活躍を見せている。
ライバルのエアバスもA330neoを開発してこのクラスのマーケットに注力しており、
今後も中型機の存在感はますます高まりそうだ。
かつては脇役に過ぎなかった中型機だが、
なぜこれほどの支持を航空会社から受けるようになったのだろうか。

文＝阿施光南

Airbus A330

A☆50/Akira Igarashi

Airbus A340

Charlie FURUSHO

ボーイング初のジェット旅客機となった707。現代の小型機と同等の客席数しかなかったが、当時としては大型機に分類される機種だった。

時代と共に変わりゆく
「大型・中型・小型」の定義

　2011年秋にANAが世界で初めて就航させたボーイング787は、航空業界のゲームチェンジャーになった。これを機に、どちらかといえば大型機の影に隠れて地味な存在だった中型機が、かつてないほど脚光を浴びることになったのである。

　中型機というのは、現代では200〜300席クラスの旅客機をさすのが一般的だ。きちんと定義されたものではないし、そもそも大型・中型・小型という尺度も時代と共に変わってきた。たとえばボーイング最初のジェット旅客機707は、モノクラス174席でも大型機だった。座席数としては現代の小型機（ボーイング737やエアバスA320）に近いが、それまでの花形プロペラ旅客機ダグラスDC-7やロッキード・スーパーコンステレーションは100席あまりにすぎなかったから、当時としてはかなり大きな旅客機だったのである。

　ちなみに、それでも707が「巨人機」とは呼ばれなかったのは、旅客機以外ではもっと大きな飛行機が飛んでいたからだ。たとえば707よりもずっと早く実戦配備されていたB-52爆撃機は、707よりサイズが大きいだけでなく最大離陸重量が2倍近くもあった。

　また707のライバルであるダグラスDC-8も

ボーイング767と共に操縦システムをデジタル化してハイテク旅客機の先駆けとなった757（上）とエアバスA310（下）。767と757は胴体径が異なるものの、共通のコクピットを持つ姉妹機だ。

KAJI

Charlie FURUSHO

ボーイング787は航空会社が路線開設する際の選択肢を大幅に増やした。その使い勝手の良さから、日本の航空会社でも導入が拡大し続けている。

これまでは四発機や大型機でなければ就航できなかった長距離路線にも対応可能なことでゲームチェンジャーとなったボーイング787。

当初はモノクラス177席だったから、そのくらいのサイズが当時のマーケットに見合っていたということだろう。ただしDC-8は航空需要の高まりに合わせて胴体を延長し、座席数を249席まで増やした。それに対して707はランディングギアが短く、胴体を伸ばすと離着陸で機首を上げたときに胴体を地面に擦ってしまうため対抗できなかった。それが座席数を一気に2倍以上とする747ジャンボを開発することになった遠因でもある。

とはいえ747が完成しても、その巨体を満席にできる路線は限られており、もっと小さな旅客機の需要は手つかずだ。そのためダグラスはDC-10を、ロッキードはトライスターを、そしてエアバスはA300を開発したが、いずれも707やDC-8と比べるとまだかなり大きい。かといって燃費が悪く、騒音も大きな707やDC-8をいつまでも飛ばせられるわけではない。そこで開発されたのが200〜250席クラスのエアバスA310とボーイング757、そしてボーイング767だった。これらが、いわば新しい時代の中型機である。

デジタル化した新時代の中型機
機種ごとに違う3種類の胴体径

A310と757、767はいずれも1981年から1982年にかけて初飛行した同世代機で、「初めて本格的にシステムをデジタル化した双発旅客機」という共通点がある。ただし、それぞれに胴体径がまるで違う。

旅客機の胴体は、キャビンに2本の通路を持つワイドボディと、1本しか通路を持たないナローボディに大別される。A310はA300と同じ胴体断面のワイドボディ、757は707と同じ客室断面のナローボディとした。このように短いワイドボディにするか、長いナローボディにするかという両方のアプローチがあるのが中型機の特徴だ。どちらにも長所と短所があり、A310はこのクラスの旅客機としては空気抵抗が大きく、一方の757は長い胴体に通路が1本しかないため乗客の乗り降りに時間がかかり、床下貨物室にコンテナを積むこともできない。

それらに対して「ちょうどいい太さ」を追求

A☆50/Akira Igarashi

ナローボディ機のボーイング757とワイドボディながら短胴機のエアバスA310の中間を狙ったセミワイドボディ機の767。貨物用コンテナなどで使い勝手の悪さはあるものの、日本では根強い人気のある機種だ。

したのが767だ。これら3機種を見比べてみれば、A310がデフォルメされた玩具のように寸詰まりなのに対して、757は鉛筆のように細長い。しかし、767にはそうした違和感がないだろう。このような胴体径を他のワイドボディと区別するために、セミワイドボディと呼ぶこともある。

　ただし、セミワイドボディにも欠点はある。たとえばワイドボディ用の標準コンテナであるLD-3を、他機のように2列に搭載できない。1列には搭載できるが、無駄なスペースが大きくなる。767の床下貨物室にぴったりのコンテナも作られたが、これは他機には中途半端で融通がきかない。

　また細めの胴体に2本の通路を通しているため、それだけ座席（つまり利益を生むためのスペース）の割合は小さくなる。こうした点が嫌われたためか、767の他にセミワイドボディ

の旅客機は作られていない。767の後継機といわれる787も、胴体を太くして床下にLD-3コンテナを2列で搭載できるようにした。またエアバスもA310の後継機は作らず、やや長いA330/A340に集約することにした。一方で、かつては757が担っていたナローボディ中型機のマーケットについては、エアバスがA321neoを、ボーイングが737-10（MAX）を開発しており、パイロットの資格などは小型機と共通化された。つまり現代の「中型機」は、さらにまた少し大型化しているのである。

航続距離の延伸により
航空会社の選択肢が拡大

　冒頭に787がゲームチェンジャーであると書いたのは、燃費がよく経済性が高いというだけでなく、中型の双発機でありながら世界の主要都市をほぼノンストップで結べる航続

KAJI

長距離用に四発のA340、短中距離用に双発のA330を開発したエアバスだが、双発機の性能と信頼性の向上によって四発機は役割を失い、後継機がないままに製造を終えた。

能力を持っているからだ。それまでは、日本とヨーロッパやアメリカ東海岸をノンストップで飛べるのは、747-400やA340といった四発機や、双発でも大型の777長距離型（ER/LR）などに限られていた。ところが787は中型の双発機ながらこれらと同等の航続距離を得た。つまり大型機では採算が取れないような、かといってそれまでの中型機では届かないような路線でも787ならば飛ぶことができ、航空会社は路線開設の選択肢を増やすことができるようになった。こうした新規路線が、世界の航空需要を大きく押し上げることになったのである。

　一方でエアバスにも、787登場以前から長い航続能力を持つ中型機はあった。それはエンジンの数以外は同じという姉妹機のA330とA340だ。このうちエンジン故障時の制約が小さい四発のA340が長距離用、双発のA330が中距離用という役割分けだったが、実際にはA330にも日本とヨーロッパをノンストップで飛べるくらいの航続能力はあった。ただし開発時期には787と約20年もの差があるため、対等の競争力というわけにはいかない。

　そこでエアバスは新規にA350を開発した

が、これは787というよりは777に対抗する大型機になった。また、すでにA330を運航している航空会社からはA330と同じ資格で飛ばせる（つまり訓練負担の小さな）旅客機を望む声も大きかった。そこでエアバスはA350ファミリーの短小モデル（A350-800）の開発を中止し、かわりにA330に787と同等のエンジンや技術を導入したA330neoを開発した。

　787やA330neoの登場により767はすっかり新造旅客機としての競争力を失ったが、一方で「ちょうどいいサイズ」であるうえに改造が容易な金属構造であるということから、米空軍を中心とした次世代空中給油機のベース機として生産が続いている。

Airbus

エアバスの新鋭中型機A330neo。ボーイング787に対抗する形で開発されたのはA350だが、現在の市場では機体サイズ的にA330neoがライバル機となっている。

時代の先端を切り拓いたボーイング

万能型中型双発機の系譜

現代旅客機の主役といってもいい中型ワイドボディ双発機おいて、
ボーイングが世に送り出した新旧のベストセラーが767と787である。
前者が超音速機(SST)、後者が高速機ソニック・クルーザーの計画頓挫を受けて
開発が決まったというのも共通点の一つだが、
それだけ航空会社が効率性の高い旅客機を求めていたということにほかならない。
そしてこの2機種は、時代を画する先進的な旅客機として歴史に名を刻んだ点でも
特筆すべき存在なのである。

文=内藤雷太 写真=ボーイング、チャーリィ古庄、深澤明

SSTとYXの計画頓挫から
国際共同による767開発へ

1982年運航開始の767と2011年運航開始の787には、どちらも汎用性の高いベストセラー中型双発機という共通点があるが、保守的なイメージの強いボーイングが先進性を前面に打ち出したハイテク機という点も共通している。ハイテクイノベーターとしてボーイングを追うエアバスと、堅固な業界の信頼を盾にこれを迎え撃つボーイングというイメージ戦争が展開される中でハイテクと言えばエアバスの印象が強かったが、両機の登場時期は航空市場の大転換期の最中で、いま改めて俯瞰すると767、787の登場で業界の方向性が明確に定まったように見える。この2機は業界リーダーのボーイングが、時代の転換期で出口を模索し熟考した末に打ち出した業界への回答だった。地味で堅実なイメージを持つ767と派手に登場した787は、その点でどちらも重要な役割を与えられて誕生した機体だったのである。

767は冒頭に述べたとおり1982年にローンチカスタマーのユナイテッド航空により運航が開始された。767の強力なライバルとなっ

た後発のA330/A340姉妹機同時開発に隠れて見落とされがちだが、767にも727後継機として開発された757という姉妹機があり、この2機も設計の多くを共有して同時開発されている。ただ根本がワイドボディとナローボディの2機なのでA330/A340のようにエンジンの数以外ほぼ同一という極端な共通化ではないのが、堅実なボーイングらしい。

767の開発を遡ると1971年にボーイングがアエリタリアと共同で始めたQSH(Quiet Short Haul aircraft)計画に辿り着く。QSHは当時最先端の高バイパス比ターボファンで静粛性の高い短距離小型機を開発する計画だった。このQSHは時代に合わずエアラインの支持を得ることができなかったので、ボーイングはこの計画を7X7と呼ぶ200席程度の中距離旅客機開発へと発展存続させるが、そこには当時ボーイングが全力で取り組んだ国家プロジェクトの超音速旅客機(SST)開発が、活発化した地球環境保護運動で中止に追い込まれた背景があった。開発中止で大損失を出し、頼みの綱の747も市場投入直後でまだ収益が上がらない状況の中、深刻な資金難に陥ったボーイングが7X7の開発財源として目を付けたの

が、当時YS-11に続く国産開発として小型3発ジェット旅客機YXを検討中だった日本である。日本の資金に期待したボーイングは、YXと7X7を統合した3か国共同事業案を日本に持ち掛けた。YS-11事業の大赤字が大問題になっていた日本は、それまでの自主国産開発の大方針を断念して国際共同開発に政策転換を決め、7X7開発事業への参加を決断した。7X7は後の767である。

こうして767開発の形が見え始めた当時はDC-10、L-1011、A300の第一世代ワイドボディ機が一斉に登場し、ワイドボディ機という新市場が誕生した時期だったが、SSTと747の開発で手一杯だったボーイングには、ワイドボディ機市場参入の準備がなかった。確かに747もワイドボディ機だが、長距離路線専用の超大型機である747は始めから孤高の存在で、新市場に投入する機種ではない。ボーイングにはワイドボディ機を新たに開発する必要があった。

こうした中、アメリカン航空、ユナイテッド航空、デルタ航空など北米の主要エアラインは、国内線用として双発ワイドボディ機の経済性に期待して、7X7の展開にも積極的に意見を寄せていたが、1978年8月、ユナイテッド航空がA300との比較検討で7X7を選定し確定30機＋オプション37機の発注を決めたことで、7X7と7N7の同時開発が承認されて767/757同時開発がローンチした。このユナイテッド航空の発注にアメリカン航空、デルタ航空も続き、767の出だしは好調だった。

追う立場のボーイングは第一世代ワイドボディ機を研究し、767の仕様詳細を決めた。既に世界は第一次オイルショックを経験して、エアラインの最大の興味は燃費、経済性だったが、この点で双発ワイドボディ機後発のボーイングには第一次オイルショック前に設計された第一世代機に対するアドバン

セミワイドボディ機ながらナローボディ機であるボーイング757（右）の姉妹機として開発されたボーイング767（左）。ローンチカスタマーはユナイテッド航空だった。

テージがあった。低燃費、高経済性の実現については、ボーイングには747の開発を通じて高バイパス比ターボファンに十分な知見があり、日進月歩の高バイパス比エンジンの性能を最大限に活用できるエンジン双発の基本形を選んだ。さらに胴体のサイズは先行の3機を睨みながらも空気抵抗を減らして燃費を向上させるため、他社よりやや細いセミワイドボディの胴体にしたが、この選択は767を特徴づけると同時に、後々の商戦に影響を出すいくつかの弊害を生んだ。バリエーションについては、開発開始時から標準型の767-200、長距離仕様の767-200ER、胴体延長型の767-300の3機種展開が決まっており、開発は767-200からスタートした。検討段階では短胴型の767-100もあったが、受注に至らず計画中止となっている。

旅客機初のグラスコクピット
ETOPS緩和でセールスも好転

計画通り767と757の設計には可能な限りの共通化を図ったため、両機はAPU（補助動力装置）、コクピットデザイン、アビオニクスなど主に電子機器類、操縦関係の設計を共有している。コンピューター、デジタル機器、

グラス化されたボーイング767の先進的なコクピットは757と共通で、運航乗務員の操縦資格が共通化されたのも当時としては画期的だった。

6台のCRTディスプレイによる情報統合表示といった、当時最先端の電子システムを導入したことが767がハイテク機と言われる所以だが、これはほぼ同時に開発が進んだライバルのA310を強く意識したものだった。767と757、そして競合のA310はグラスコクピットを装備した世界初の旅客機として知られ、さらにいずれも高いレベルでの運航自動化も実現して、大幅なパイロットの負担軽減に成功した。このため767（そしてA310）は初めてツーマンクルー運航が承認されたワイドボディ機となり省人化を実現した。また同じコクピットの767と757には、相互乗員資格が認められたことも大きな特徴だ。

ハイテクを駆使したコクピットやコントロール系に対し、機体構造は手堅くオーソドックスだ。ボーイング初の双発ワイドボディ機として設計された767の胴体は直径5.03mだが、これはおおよそ6m前後ある他の双発ワイドボディ機よりかなり細く、直接のライバルであるA300/A310の5.64mにもおよばない。ボーイングは空気抵抗軽減による燃費向上を狙って、あえてこの寸法にしたが、ワイドボディ機の中でこの大きさは767だけで、このため767はツインアイルではあるが、厳密にはワイドボディ機ではなく、セミワイドボディ機と呼ばれる。ほんの少し細い胴体の影響が客室や貨物室に出ており、通常のワイドボディ機であるA300/A310などは2-4-2の座席配置が標準的なのに対し、767では2-3-2の7アブレストという変則配置となっている。同様に床下貨物搭載室も、他のワイドボディ機なら2列搭載できるLD-3航空コンテナが1列でしか積めず、貨物室をフルに使うには767専用のLD-2コンテナが必要という不自由さが出てしまった。

主翼設計も保守的で、主翼コントロールを全面的にフライ・バイ・ワイヤに置き換えたA310に対し、フライ・バイ・ワイヤ導入は主翼の一部のみと限定的で、もちろん機体の操縦系も従来通りの機械式だ。逆に第一次オイルショック以降ますますシビアになった燃費への配慮はしっかりしていて、エンジンは最初から最新の高出力低燃費高バイパス比ターボファンを選び、ゼネラル・エレクトリックCF6-80、プラット・アンド・ホイットニーJT9D、ロールスロイスRB201の3種から選択可能とした。

こうして開発された767-200は1981年9月に無事に初飛行を終え、1982年6月からユナ

イテッド航空が定期運航を開始したが、就航後も期待に反して思ったように売れずボーイングを悩ませた。特に707や747でボーイングと密接な関係にあった最大手のパン・アメリカン航空が、競合のA300／A310を選定したことは大打撃だった。パンナムが大フリートを組む747と767の組み合わせでは、搭載貨物のLD-3コンテナの機種間の連携がうまくいかず、767という選択はパンナムには無理だったのだ。低調な状況を少しでも改善するためボーイングは二つ目のバリエーション、航続距離延伸型の767-200ERの開発を行うが、この展開も効果が出ず売り上げ不振はしばらく続いた。

やがて、この状況はETOPSの順次緩和でゆっくりと、だが重要な変化を見せる。767（とA310）の経済性を無視できないエアラインはETOPSの制限内で可能な洋上飛行を含む、ETOPSルートの開拓を進め、この運航実績を参考にFAAがETOPSの制限時間を段階的に伸ばしたのだ。これは1985年には120分まで延長され、767とA310はETOPS-120認定を受けた最初の双発ワイドボディ機となった。ETOPS-120で767の洋上路線への投入が現実的になると、767は米国の航空自由化政策で活発化した大西洋横断路線へ投入され始めた。767-200ERのやや小さいペイロードと低燃費、長い航続距離が、国際線でも最高の経済性を生んだのだ。さらに1989年には767のETOPSは180分まで延長され、767は大西洋路線の主力機となった。登場当初は宝の持ち腐れだった高い航続距離性能がETOPSの制限緩和によって俄然輝きだし、767はコンスタントな売れ行きでいつの間にかボーイングのベストセラー機に成長した。日本が初めて国際共同開発に本格参加した機体として国内でもポピュラーで、ANAやJALが多くを運航した。フレイターや軍用機としても重用され、2023年の現在も製造が続く767の生産機数は2023年5月時点で1,276機に達して現在もこの数字を伸ばしている。

次世代機の判断に迷った末 先進技術満載の高効率中型機へ

767に続いて登場した777の活躍は、長距離路線で生き残っていた4発機を市場から駆逐した。しかし、登場当時から別格の大きさと航続性能を持ち単独で一つの市場を形成していた747だけは、この大変化の中でも依然として超大型長距離4発機の市場に君臨し続けていた。そんな最中の1996年、エアバスが超巨人機A380の開発を公表したことで、業界は再び騒めいた。ワイドボディ機、ナローボディ機の展開でボーイングに並び、時には凌駕するところまで成長したエアバスが、最後まで手を出しかねたボーイングの独占市場が747市場だった。エアバス、そして当のボーイングですらこの市場に747以外の2機目の機種を受け入れる大きさがあるのか判断しかねていたのだ。しかし、前年にボーイングが777を市場に送り出したことで双発ワイドボディ機市場がさらに激戦区となることもあり、エアバスとしては長年狙い続けた747市

777を成功させたボーイングが次世代ワイドボディ機として提案したのは音速に近い速度で巡航できるソニック・クルーザーだったが、航空会社の支持を得られず実現には至らなかった。

ソニック・クルーザーに代わる次世代機計画としてローンチされた787。当初は7E7の機種名が与えられ、発表された想像イラストでは、実際の787よりも流麗で近未来的な形状となっていた。

場に勝負をかけるのはこのタイミングと判断したようだ。

　この時エアバスが拠り所とした路線展開論がハブ・アンド・スポークである。2地点の大型ハブ空港を長距離大型機で結んで一回の輸送量を稼ぎ、到着したハブ空港からは短・中距離双発ワイドボディ機やナローボディ機で細かくローカル空港まで結んで乗客の流れを捌く理屈だ。エアバスは今後の市場がさらにこの方向に進むと主張した。対して汎用性、柔軟性の高い機体で各空港間をメッシュのように直接繋いでどんどん路線展開するのがポイント・トゥ・ポイントで、双発ワイドボディ機がこの路線展開の立役者だった。

　本気でA380開発を始めたエアバスの挑戦を受け、判断に迷ったボーイングは迷走を始める。最初は747の近代化、大型バリエーション展開で市場の反応を窺ったが、手応えは無くこの案は立ち消えとなり、次にボーイングが発表したのは音速ぎりぎりの遷音速で大量の乗客を運ぶ次世代機ソニック・クルーザー開発だった。航空市場の需要は次世代では大量輸送から時間短縮に進む

という説明で、SF映画のような外見により業界の注目を集め話題を提供したものの、みなボーイングの本気度を疑い、さらに発表翌年に発生した米国同時多発テロによる航空不況でエアラインがこれまで以上に経済性重視に向かったので、ボーイングもこの計画をあっという間に引き下げてしまう。

　しばらく沈黙したボーイングに業界が注目する中、2003年に発表されたのが中型双発ワイドボディ機7E7の開発だった。767の後継機となる新世代の双発ワイドボディ機と説明された7E7は、ソニック・クルーザー譲りの未来的イメージだけでも注目を集めたが、本当に凄かったのは中身だった。航続距離、速度、燃費のすべてで767を凌駕する7E7には先端技術が満載され、保守的なボーイングの機体とは思えない挑戦的な設計だった。777で機体全体の10%程度だった複合材の使用は一気に50%に達し、胴体、主翼、尾翼などがCFRPで出来た大型旅客機初のコンポジット機だった。

　主翼は設計にスーパーコンピューター解析を使った最新航空工学の結晶で、複合素材の大きなしなりと境目なく繋がるレイクド・ウイングチップが大きな特徴だ。アクチュエーター類を始めとして機体全体が高いレベルで電化されており、それに伴い日本のGSユアサ開発のリチウムイオンバッテリーが旅客機で初めて使われた。777から進化した大型LCDが並ぶグラスコクピットには、ヘッド・アップ・ディスプレイ（HUD）が標準装備され、運航時にパイロット必携の飛行規程類も電子フライトバッグ（EFB）化された。もちろん操縦系統は全面的にフライ・バイ・ワイヤである。CFRPコンポジット製の胴体は767と違い5.77mのワイドボディ、シートレイアウトはツインアイルの2-4-2が標準である。この客室にも多くの最新技術が投入され、窓の大型化、

電子シェードの初導入、LEDキャビン照明、温水洗浄便座のオプション導入などにより、乗客の快適性は格段に向上している。さらに地味な装備だが耐腐食性の高いCFRPコンポジット製胴体の恩恵で、キャビン内に加湿器を標準装備した。経済性に重要なエンジンは、GEアビエーションが787のために開発した、次世代型高バイパス比ターボファンGEnxと、ロールスロイスがRB211から開発したトレント1000の二つのエンジンを設定して、従来比20%の燃費向上と排出ガス低減を実現している。

ANAがローンチカスタマー
開発は難航もベストセラー機に

こうして2003年12月に正式発表された7E7開発は、高度な先進性ゆえに開発の難しさを心配する声が出た一方で、高い経済性がエアラインの熱い注目を集め、翌年4月にANAが50機発注でローンチカスタマーになると、多くのエアラインから先行発注が殺到した。2005年6月のパリ国際航空ショーでは開発ローンチと787ドリームライナーという名称が発表され、その時の計画では、ロールアウトは2007年7月8日、初飛行とANAへの引き渡しは2008年内とされていた。

787の開発はこれまでの共同開発をさらに進め、開発製造の7割を海外企業と進める国際共同開発となった。日本からも多数の航空関連メーカーが参加し、特に三菱重工、川崎重工、富士重工（現SUBARU）の3社は三菱が主翼製造担当となるなど重要な部分を任されて、実に787製造の35%を日本企業が分担する。

ところがいざ開発がスタートすると、参加企業が70社を超える国際共同開発が大きな問題となってしまった。品質管理プログラムの徹底など準備に手間取った787開発は、

出だしからつまずいて遅れた。それでも意地で未完の機体を予定通り2007年7月8日にロールアウトさせたボーイングだったが、はじめに心配された通りCFRPコンポジット製機体構造を中心に先進技術ばかりの開発作業が予想以上に手間取ったことで、スケジュールは大きく遅れて、2008年に計画していた初飛行が終わったのは2009年12月、ANAへの初号機引き渡しは2011年9月25日だった。

それでもANAが運航を開始すると、開発遅延で落ち込んだ受注数もまた急上昇を始め、787はあっという間に超ベストセラー機になった。コロナ禍の終息が見え始めた2022年からボーイングの受注はまた増え始め、2023年5月の段階でなんと2,000機を超える2,086機に達している。また787-8、787-9、787-10の全バリエーションで1,054機を納入済みの現状だ。

先進性と革新性を追求したあまり開発に苦労した787だが、その努力は報われ運航開始から10年以上たった今でもその先進性は損なわれていない。この様子だと当分787の快進撃は続きそうだ。

「787」に合わせて2007年7月8日（アメリカ式表記だと7/8/'07）にロールアウト。しかし、実はこの時点で機体は未完成状態で、初飛行まで2年以上を要するなど開発は難航した。

■ディテール解説
ボーイング787の
メカニズム

写真と文＝
阿施光南（特記以外）

かつての旅客機はコンコルドやボーイング747ジャンボジェットのように高速化や大型化を追求していた。
しかし原油価格の高騰や気候変動の深刻化などから、現代ではより燃費性能が高く有害排出物の少ない
高効率・高環境性能の機体が求められるようになっている。
こうした時代の要求に応じて登場したのがボーイング787だ。
787は初飛行から十余年を経た今も次世代機としての輝きを失っていないが、
その理由はまさに時代を画する先端的な技術を随所に盛り込んだ意欲的な機体であったからに他ならない。

■ 最終組立ライン

787の最終組立ラインでは、各国で組立てられた半完成のコンポーネントをつなぎあわせていくことで1機にまとめていく。最終組立ラインは当初はシアトル近郊のエバレット工場にあったが、現在はサウスカロライナ州ノースチャールストンに建設された新工場に移されている。

■ 787大型部材の輸送

日本（名古屋地区）で製造された胴体や主翼は、中部国際空港から専用輸送機ドリームリフターでアメリカに空輸される。これは中古の747-400旅客機を改造して作られたもので、胴体の太さと長さが拡大されており、尾翼を含めた後部を横に開くことで大型貨物を搭載できる。

■ 787-9と787-8

ANAの787-9（手前。GEnx-1Bエンジン装備）と787-8（トレント1000エンジン装備）。2023年5月現在でANAは79機の787を保有しており、2030年度には100機以上に増やす予定。JALも51機、JAL系LCCのZIPAIRは6機の787を運航中だ。長距離用に作られた787に東京〜大阪のような短距離路線でも乗れる国は世界的にも珍しい。

開発コンセプト
高速旅客機の技術を経済性向上に応用

　2000年12月、エアバスは超大型旅客機A380の開発を正式にスタートした。それまでボーイングは、「もしエアバスがA380を開発するならば、我々はすぐにでも747の改良型で対抗できる」と牽制してきたが、その直後に打ち出してきたのは747の改良型ではなく中型のソニッククルーザーという高速旅客機だった（後にボーイングは大型の747-8を開発することになるが、それはさらに数年後のことだ）。

　ソニッククルーザーはコンコルドのような超音速機ではないが、ほぼ音速（マッハ1）で飛ぼうという計画だった。A380や747はハブと呼ばれる大空港を結び、旅客はさらにそこから最終目的地まで乗り継ぐ「ハブ＆スポーク」の中核となる旅客機だ。しかしソニッククルーザーは、ハブを経由することなく高速で目的地に直行する「ポイントtoポイント」の利便性をアピールした。

　ただしソニッククルーザー計画は、ほとんどの航空会社から支持されなかった。高速で飛ぶためには多くの燃料を消費するため運航コストは高くなる。しかもソニッククルーザーのスピードは在来機（マッハ0.8以上）よ

■ 複合材料製胴体

胴体は炭素繊維を使った複合材料（CFRP）製で、最初の段階から円筒形に成形され、それをつなぎ合わせて作られる。2番ドア（写真では左側）の前に窓が途切れている部分があるが、これがコンポーネントのつなぎ目で、胴体後方のつなぎ目も同じように窓が途切れている。

■ 大型のコクピット窓

コクピット窓は開かないので、汚れた場合には高所作業車を使って清掃する必要がある。それができない場合に備えてANAはウインドウォッシャーをボーイングに要求して実現した。ちなみに787のウインドシールドは旅客機としては最大級で、整備士と比較してもその大きさがわかる。

■ 機首の形状

段差のない滑らかな機首は、空気抵抗だけでなくコクピットの騒音低減にも貢献しており、ワイパーも空気抵抗を考慮して縦位置で停止する。多くの旅客機のコクピット窓は6枚で構成されているのに対して、787は4枚構成なのも特徴だ。天井部分には非常脱出口が設けられている。

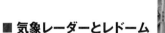

■ 気象レーダーとレドーム

機首のレドームは直径2.2mの石英ガラス繊維で強化されたプラスチック（QFRP）製で、上方に向かって開くようになっている。内部は与圧されておらず、気象レーダー（中央の皿状のもの）やILS用のローカライザーアンテナ（上）やグライドスロープアンテナ（下）も装備されている。

り1〜2割ほど速いだけだから、所要時間の短縮もたいしたことはない。たとえば東京からニューヨークまでの所要時間も、13時間が10時間余りになる程度だろう。これでは、さほど魅力がない。

　そこでボーイングは方針を変更し、「ポイントtoポイント」というコンセプトは踏襲しながらも、スピードより経済性を重視した7E7を提案した。ずいぶんと早い変わり身だが、ソニッククルーザーのために研究されていた複合材料を使った構造や空気抵抗の小さな形、そしてシステムを大幅に電気化する技術などは燃費向上のためにも役立てることができる。これをANAは世界で初めて50機発注してローンチカスタマーとなり、7E7は「787」として開発が進められることになった。

■ 床下貨物室

床下貨物室ドアは高さ170cm×幅269cmで、787-8の場合は前後あわせて LD-3コンテナ×28個を搭載できる。最大積載重量は約41.4tで、この他に後方のバルク(バラ積み)貨物室に約2.7tを搭載できる。これは737-800BCF(貨物専用機)の2倍近い搭載量で、コロナ禍では貨物便としても活躍した。

■ 非常口

非常口は大型のタイプAを片側4個ずつ装備。いずれも大きなアームを介して外側前方に開く(つまり機内から見ると左右で開ける方向が異なる)。またドアの下部には緊急脱出用スライドシュートが収納されている(写真ではプラスチックカバーを外して黄色いシュートが見えている)。

■ 与圧空調用の空気取入口

ほとんどの旅客機はキャビンの与圧にエンジンから抽出したバイパスエアを利用するが、787では電動コンプレッサーを使うことから、そのための空気取入口(写真下の出っ張ったところ)が主翼付け根付近にある。その上の引っ込んだ空気取入口は圧縮した温度を調整する熱交換機用だ。

■ 衝突防止灯

胴体の下に装備された衝突防止灯(ACL)。胴体の上に装備されたACLと共に赤く点滅する印象的なライトだ。電球ではなくLEDが使われており、従来の旅客機と比べるとゆったり点滅するのが特徴となっている。これ以外でも787では翼端灯などほとんどの灯火がLED化されている。

機体サイズと素材
767とほぼ同じ長さだが太くなった胴体

787には胴体長の違う3つのモデルがあるが、最初に作られた787-8は全長56.7mで、767-300(54.9m)とほぼ同じだ。ただし胴体幅を5.03mから5.77mに広げたため、他のワイドボディ機と同様、床下貨物室にLD-3コンテナを2列で搭載できるようになった。

機体は、従来のような金属(アルミ合金など)ではなく複合材料(炭素繊維強化プラスチック=CFRPなど)で作られているのが特徴だ。CFRPはアルミ合金よりも軽くて丈夫なので

機体を軽量化できるほか、腐食しない(錆びない)ために整備の手間も小さくできるというメリットがある。金属機では、何年かごとの重整備のたびに塗装をはがし、各部に腐食がないかを細かくチェックするなど大変な時間と費用を必要としたのである。

また製造段階では、787は大型のコンポーネントごとに一体で成形する。たとえばボーイング777の胴体は何枚もの金属パネルを張り合わせて円筒にするが、787は最初から円筒のまま成形する。張り合わせ部分がないためさらに軽量化できる一方、解決すべき問題もあった。777も787も胴体の製造には日本が

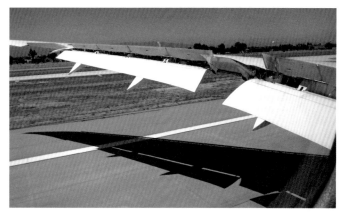

■ 主翼後縁部

着陸時の主翼後縁。大きく白く見える2枚のフラップはダウン位置、そこに挟まれているフラッペロン（フラップと連動して下がる）は接地と同時に上に向き、主翼上のスポイラー（エアブレーキ）と共に空気抵抗を大きくする。また翼端に近いエルロンも上に向き、やはり揚力を減じている。

■ フラップ機構フェアリング

主翼下面に張りついた流線型の突起はフラップや舵の作動機構を覆うためのフェアリング。三段の複雑な隙間フラップを装備していた747-400などと違い、787のフラップはシンプルな単段式なので作動機構もコンパクトですみ、重量や空気抵抗、騒音などが小さくなっている。

■ 前縁スラット

主翼前縁には後縁フラップと共に揚力係数を増す（低速での飛行を可能にする）スラットが装備されている。スラットはエンジンパイロンより内側が1枚、外側が5枚に分割されており、さらにパイロンとの間にできる隙間を埋めるように小さなクルーガーフラップが1枚装備されている。

■ 尾翼

尾翼も基本構造はすべてCFRPで作られているが、これはバードストライクなどの衝撃に弱いために前縁部分のみ金属製としている。また垂直尾翼には波長に合わせた長さを必要とするHF（短波）無線機用のアンテナが内蔵されている（垂直尾翼前縁中央の色が変わっている部分）。

■ APUと水平尾翼

胴体後部の無塗装部分はAPU（補助動力装置）の排気口をカバーするもので熱に強いチタン合金製。APU本体は少し前の白く塗装された機内に収められており、空気取入口は上方にある。エレベーターは左右それぞれ一体式だが、いずれも2系統の油圧システムで動かすようになっている。

■ レイクドウイングチップ

翼端はウイングレットではなくレイクトウイングチップになっており、先端にいくにつれて細く後退角も大きくなるような形をしている。こうすることで主翼のスパン方向の揚力分布を最適にして翼端部に発生する渦を弱め、その結果として巡航中の抵抗を小さくすることができる。

■ ウイングスパン

787-8は767-300とほぼ同じ胴体長ながら、翼幅は10m以上も大きくなっており、アスペクト比（縦横比）も大きい。これは巡航中の抵抗軽減に適した形だが、狭い地方空港での運航に備えて翼幅を51.7m（ウイングレットつき。ほぼ767と同じ）とした787-3も計画されていたが中止された。

参加しているが、777の金属パネルと違って円筒形に仕上げた787の胴体は大きすぎて陸送がむずかしい。そこでボーイングは747-400を改造した特殊輸送機ドリームリフターを製造し、大型コンポーネントをそのままアメリカの最終組立工場まで空輸できるようにしたのである。

翼と高揚力装置
大きなアスペクト比とシンプルなフラップ

787-8と767-300の全長はほぼ同じだが、全幅は767の47.6mに対して60.1mと大幅に拡大している。これは、ひとつには787が767よりも大きな航続距離を狙ったからだ。長く飛ぶためにはたくさんの燃料を積まなくてはな

らず、重くなった機体を支えるためには大きな翼が必要になる。また燃料タンクは重心に近い主翼に設けられるから、大きな主翼ならば十分な燃料スペースを確保できる。大きな主翼は重くなって燃費を悪化させる危険もあるが、787は主翼もCFRPとすることにより金属で作るよりも軽くすることができた。

また787では、主翼のアスペクト比（縦横比）を大きくしたうえで、翼端をレイクドウイングチップと呼ばれる細く後方にカーブさせた平面形とした。飛行機の翼端では、圧力の低い上面に向かって下面から空気が流れて渦が発生し、抵抗の原因となる。この影響を小さくするのが翼端を立てるウイングレットだが、アスペクト比を大きくして翼端をカーブさせて

エンジン Engine

■ トレントとGEnx

エンジンはRRトレント1000シリーズ（上）とGEnx-1Bシリーズ（下）から選ぶことができる。ANAは当初トレント1000を選定したが、2021年秋以降に受領した機体はJALと同じGEnx-1Bを装備しており、どちらかのエンジンに不具合があった場合のリスクに備えている。両エンジンは性能、経済性についても同等でエンジナセルやパイロンの形もほぼ同じである。

■ シェブロン

整備のためにカウルを開いた状態のトレント1000。周囲にブリードエア用の太いダクトがないのが特徴で、さらにカウル後端（ノズルを形成）が波形に成形されている。こうすることでエンジンから出る高速の排気と周囲の空気がうまく混合され、騒音を減らすことができる。

■ ファンブレード

トレント1000（上）のファン直径は285cmで、複雑なカーブを持つ幅広ブレードは中空のチタン合金で作られている。GEnx-1B（下）は直径282cmで、ブレードは黒い複合材料製。こちらは前縁のみチタン製カバーがつけられており、2トーンカラーになっていることから両エンジンを識別できる。

も同様の効果がある。一方で翼幅が大きすぎると地方の狭い空港での運用において制約を受ける可能性があるため、当初は翼幅を小さくしてウイングレットを装備した787-3も計画されていた。しかし、これは787の開発が難航して改良型まで手がまわらなくなったことと、翼幅を小さくすることで経済性が悪化することから中止された。

　高揚力装置は前縁が主にスラットで、エンジンのパイロンとの間の隙間を埋める部分だけには小さなクルーガーフラップを装備。後縁はシンプルなシングルスロッテッド（単隙間）フラップとして構造の簡素化や重量軽減、そして空力騒音も小さくした。インボードフラップとアウトボードフラップの間の全速度

ランディングギア Landing gear

■ メインギア

メインランディングギアは4輪ボギー式で、機体重量を支えて着陸の衝撃を吸収するショックストラットはチタン合金およびスチール製、その下につながれてタイヤを支えるトラックアセンブリーはチタン合金だ。離陸すると油圧で内側に折り畳まれ、胴体内に格納される。

■ ノーズギア

前方から見たノーズギア。離陸すると油圧を使って前方に格納される。なお787では油圧も従来の3000psiから5000psiに高められている。上に見えるライトは、上の2灯がランディングライトで下の2灯がタキシーライト。その下にステアリング用のアクチュエーターが左右1本ずつ付く。

■ ディスクブレーキ

メインギアのそれぞれのタイヤには軽量のカーボンディスクを使った多重ディスクブレーキを装備。ディスクを押さえつけるシリンダーは従来の油圧式から電気式に変更されており、外観上も油圧配管などが大幅に少なくなっている。軽量化でき、もちろんオイル漏れの心配もない。

エルロンはフラップと連動して下がるフラッペロンで、さらに外側には低速時のみ作動するエルロンを装備。またエアブレーキとして使われるスポイラーは、低速時にはエルロンと共にロールコントロールを補助するほか、フラップダウン時にはやや下がって翼上面のラインを滑らかにする。

エンジンとランディングギア
最大の効率をもたらすノンブリード方式

787は従来の同クラス機と比べて、20%も経済性を高めている。そのうち約5分の2がエンジンの効率向上によるもので、空力特性の改善と新材料の採用が約4分の1ずつ、残りがシステムの改善によるものという。つまり787の高い経済性を支える最大の功労者はエンジンということになる。

エンジンにはロールスロイス・トレント1000とゼネラル・エレクトリックGEnx-1Bの2種類が用意されている。いずれも大バイパス比で高い出力と燃費を両立させており、エンジン本体の軽量化にも成功している。さらに特徴

■ 上級クラス（ANAプレミアムクラス）

ANAが2021年から導入した新シート（シート幅56cm、モニターは15.6インチ）を装備したプレミアムクラス。同仕様のシートを装備した777が2+3+2席配置なのに対して、787は2+2+2席配置。人気が高く予約が取りにくいとの声を受けて、それまでよりも10席を増やした28席仕様にした。

■ 普通席（エコノミークラス）

ANAの国内線普通席は3+3+3席で、シートは自動車シート大手のトヨタ紡織とANAが共同開発したものだ。個人用モニターは「デザイン上、これ以上大きなモニターは装備できない」という13.3インチ。もちろん各席には、PC用電源やUSBポートも備えられている。

的なのはエンジン効率低下の原因となるブリードエア（抽出空気）を廃したということ。従来はブリードエアを使っていたキャビン与圧には電動コンプレッサーが、主翼前縁の防氷には電気ヒーターが使われている。ちなみに787では、従来は油圧だったシステムの一部（たとえばランディングギアのブレーキ）も電気化されている。

こうして多用されるようになった電気システムのために発電機が強化されており、767で

はエンジン1基につき120kVAの発電機を1個装備していたものを、787では250kVAの発電機2個に変更。しかもこの発電機はスタータージェネレーターといってエンジンを始動するためにも使われる。

またエンジンを覆うナセルも特徴的で、在来機と比べると抵抗の小さな層流域が長くなるように配慮されているほか、ノズル部分を波形（シェブロンという）にすることで騒音を軽減させている。

■ 客室窓

客室窓は幅約28cm×高さ約47cmで、従来の旅客機よりも大きい（対767比で約1.3倍）。またプラスチック製の遮光シェードに代わってエレクトロクロミズムを使った電気シェード（EDW）を採用し、窓の下にあるスイッチで明るさを調整できる。最も暗くすると光の灯火量は1％未満になる。

■ オーバーヘッドビン

オーバーヘッドビンは大容量であるだけでなく、開閉用ノブも新しいデザインとなっており、上部でも下部でも、押しても引いてもロックを解除できるようになっている。またキャビンの照明にはカラーLEDが使われており、フライトのフェーズに応じてさまざまな色に演出できる。

■ クルーバンク部の天井

長距離国際線用の旅客機にはクルーが仮眠できる休憩スペースが設けられており、たとえばA330は床下貨物室を利用しているが、それよりも胴体が太い787はキャビン最前方と最後方の天井裏を利用している。ただし、その部分は中央列のオーバーヘッドビンは使用できない。

■ 非常口表示

非常口表示はその航空会社の国の言語と英語の併記というのが基本だったが、787では文字に頼らないピクトグラムによって表示されるようになった。ドア外側の表示は従来通り「非常口/EXIT」になっているが、これは訓練されたスタッフや救助隊員のみを対象とするためだ。

■ ラバトリー

トイレにはオプションで温水洗浄便座（ウォシュレット）を装備できる。ただし現在のところ、このオプションを採用しているのは日本の航空会社（ANAとJAL、そしてZIPAIR）のみとなっている。またANAはコロナ禍での感染防止のため、手で触らなくても開閉できるノブを装備した。

キャビン
機内高度を低く抑えて疲れにくい環境

　787の胴体幅はライバルのA330（5.64m）よりも広い5.77mのため、同じ横8席配置にした場合には1席あたりの幅は広い。ただし横8席を採用しているのはJALの国際線仕様機くらいで他は横9席が標準だ。特徴的なのは窓にプラスチック製のシェードではなく電気的に光の透過量を調整できるエレクトロク

ロミック材が使われているということで、窓の大きさも在来機の1.5倍程度に拡大している。

　また787では、巡航中の機内の気圧を高く保つようにしている。旅客機が飛ぶ高度約1万mの上空は空気が薄いため、キャビンに圧力をかけて気圧を維持（与圧）している。とはいえ完全に地上と同じというわけにはいかず、従来は標高約2,400mと同程度の気圧で妥協していた。これは健康にはまず問題はないが、不快に感じる人もいるといった程度の

■ コクピット

787のコクピットは777と操縦資格が共通になるように作られた。1辺約20cmの正方形ディスプレイを6面装備した777に対して、787では約23cm×約31cmのディスプレイを5面装備するなど見かけは大きく異なっているが、表示内容は基本的に同様で操縦手順や操縦感覚もほとんど同じだという。

気圧だ。機内高度を1,800m程度に抑えれば不快に感じる人もほとんどいなくなるといわれているが、それでは機体内外の圧力差が大きくなり、胴体構造をより丈夫に（つまり重く）する必要がある。しかし787は、軽量強固なCFRPを使うことで大きな重量超過なしに強度を高めることができた。その効果は、長時間のフライト後の疲れにくさなどとして実感できるはずだ。

コクピット
未来的だが777と高い共通性

旅客機を飛ばすには機種ごとの資格（型式限定）が必要だが、そのためには数か月もの訓練を必要とし、パイロットにとっても航空会社にとっても大きな負担である。そこで787のコクピットは777との共通性を重視して作られ、国によっては共通資格を認めている。

とはいえ両機のコクピットの見た目は大きく違う。特に主ディスプレイは777が一辺約20cmの正方形×6面なのに対して、787は約23cm×約31cmの長方形ディスプレイ×5面だ。しかし、これも見た目ほどの違いではない。777はディスプレイごとにそれぞれ用途を割り振っていたが、787では大きなディスプレイに分割していくつもの情報を表示できる。いわ

■ ヘッド・アップ・ディスプレイ

ボーイング旅客機では737NGからオプション装備（ただし左席のみ）となったHUD（ヘッド・アップ・ディスプレイ）が左右両席に標準装備された（写真はシミュレーター）。透明なガラス面に飛行情報を投影することで、パイロットは外を見たままで基本的な飛行情報を確認できる。

■ オーバーヘッドパネル

オーバーヘッドパネルには、燃料や空調、電気など各システムのスイッチがまとめられているが、こうしたシステムの監視と制御は基本的には自動で行われるため、あまり操作する必要はない。パイロットから操作しやすい前方にはライトやワイパーなどのスイッチが付けられている。

■ コントロールホイール

787では操縦系にFBW（フライ・バイ・ワイヤ）を採用しているが、エアバスのFBW機のようなサイドスティック（舵の位置に関係なく操作しないときは中立位置）ではなく在来機と同様のコントロールホイールを装備し、操舵に必要な力も含めて在来機と違和感なく操縦できるようにしている。

ばパソコンの大型モニターにいくつものウインドウを並べて表示するようなもので、慣れれば違和感はない。さらに787ではディスプレイの総面積が増えているため、より多くの情報を表示する余裕もできた。

　操縦特性についても、777も787もコンピューターを介したFBW（フライ・バイ・ワイヤ）操縦システムを採用しているため、プログラム次第で同じ操縦感覚とすることができる。現に787に乗った777のパイロットは、「ほとんど同じ」

と語っている。

　最も大きな違いは787にHUD（ヘッド・アップ・ディスプレイ）が標準装備されたことで、これによって正面の景色を見ながら基本的な飛行情報を知ることができる。共通資格が認められている777から787に移行する場合には両機の差異を中心とした訓練のみが行われるが、そこではHUDを活用したフライトに多くの時間が費やされているという。

現在は全機が退役した標準型の767-
200。「全日空」の漢字ロゴが懐かしい。

メガキャリアへの飛躍を支えた万能中型機

767とANAの40年

ボーイング767の導入を開始してから2023年で40周年の節目を迎えたのがANAだ。
ANAは世界で2番目に多くの767を導入した航空会社としても知られる。
ANAと767はなぜこれほどまでに相性の良い関係になったのか。
その理由を探るため話を伺ったのがANA総合研究所の阿部信一会長だ。
阿部さんは、767の全盛期に座席管理やネットワーク戦略などに携わった経験から
各機種の特徴を詳しく知る立場にあった。
そして阿部さんの証言からは、ANAが日本を代表するメガキャリアに成長する上で
767が果たしてきた貢献の大きさが浮かび上がってきた。

写真と文＝阿施光南（特記以外）

「ボーイング767は使いやすい旅客機でした。とりわけ234席と288席（導入当初）というサイズが非常によかった」と語ってくれたのは、ANA総合研究所の阿部信一会長だ。かつて1990年1月に配属されたANA営業本部東京支店旅客部では国内線の座席管理を担当し、以後もダイヤ作成やイールドマネジメントなどの業務を通して767の使いやすさを実感してきた。

1990年という年は、178席の三発機727-200が退役し、世界最新鋭だった747-400の導入がスタートした時期だ。ただし727-200の後継機となるA320（166席）や短距離仕様の747-400D（569席）はまだ就航しておらず、ANAの国内線ジェットフリートは大型機が528席の747SRと341席のロッキード・トライスター、そして小型機が128席の737-200（現行機の737-800よりも約50席少ない）によって支えられていた。この間を埋めるのが中型機の767だったわけだ。

「747やトライスターは主に羽田発着の幹線で活躍しましたが、地方間路線には大きすぎるし滑走路が短すぎる空港も少なくありません。かといって737-200では需要の増加や団体旅客には対応しきれない。しかし、767-200の234席というサイズはちょうど良かったのです。当時は地方路線でも修学旅行など団体でのご利用が数多くありましたが、767ならば十分

お話を伺った方

ANA総合研究所
会長　阿部 信一さん

1958年生まれ
1989年にANAへ入社後は、営業部門で座席管理やダイヤ作成などの業務に携わったほか、2008年には当時ボーイング767が多数投入されていた中国の北京支店に駐在。2009年には路線戦略などを担当する企画室ネットワーク戦略部の部長に就任するなど、「路線と運航機材」の関係性に知見を要する業務を長きにわたり担当した。その後、ANA上席執行役員、取締役常務執行役員、ANA総合研究所社長を歴任し、2023年4月より現職。

に対応できます。また767には基本的に同じ飛行機（胴体の長さが異なるだけで乗員や整備士の資格が共通）でありながら288席を装備する767-300もありますから、需要に応じて柔軟に置き換えることもできました」

しかも767は離着陸性能に優れているため、737並みに2,000m未満の短い滑走路からでも運航できる。つまり就航できる空港が多い。「実は機体重量が軽い国内線の場合、777-200でも2,000m滑走路（たとえば富山空港など）から運航することは可能です。しかしそれは夏季の話で、積雪や凍結などによって条

767、とくに標準型の-200は2,000m級滑走路でも無理なく運用できる離着陸性能やローカル線にも対応可能な座席数など、多くの路線に適応する機材として重宝された。

2011年2月に引き渡されたANA向けの767-300ER（JA622A）。実はこの機体が767の記念すべき1,000機目で、特別なロールアウト式典が開催された。ANAと767の関係の深さを象徴するようなワンシーンだ。

件が厳しくなる冬季には運航できません。そうした制約は1998年から就航したA321（191席）にもありましたが、767ならば冬季でも運航できました。そうした意味でも、767は使いやすく頼りになる旅客機でした」

767の戦力的価値を高めた
経済性と貨物の搭載力

　ANAは1984年から2012年までの約30年間に合計97機もの767を導入し、1997年から1998年にかけてはその数が63機に達していた。これは当時のANAフリートの約四割を占める最大勢力だったが、それでも767に適した路線や767でなくては運航できない路線は少なくないことから限られた機数をどう割り振るかには頭を悩ませたという。

　「繁忙期にできるだけ多くの稼働可能機を確保するために、定期整備のスケジュールや下地島での乗員の実機訓練のスケジュールを調整してもらうということもありました。もちろん国際線においても767は大活躍で、たとえば1994年9月には関西空港が開港しましたが、それから約2年の間にANAが開設した国際線15路線のうち実に11路線は767によるものでした」

　また767は、大きさが手頃というだけでなく、

767の思い出を語るANA総研の阿部信一会長。767の全盛期に座席管理や路線戦略を通じて運航機材の特徴をよく知る立場にあった。

2名運航の双発機であることなどから経済性も高かった。

「2000年頃には、767はANAの国際線機材としては最も高い利益率を誇る旅客機でしたね」と阿部さんはいう。この利益率の高さには、燃費などの経済性に加えて「たくさんの貨物を積むことができる」という理由もあった。現在でこそ多くの貨物専用機を運航しているANAだが、最初の機体（767-300F）を導入したのは2002年のことで、2号機と3号機を受領したのはさらに3年後の2005年のことだ。それまでは旅客便のベリー（床下貨物室）を使った貨物輸送のみだったが、最大で25tもの貨物を搭載できる767はそうした点でも力強かった。

ちなみに阿部さんは2008年2月から北京に赴任し、翌年には中国統括室総務ディレクター兼北京支店空港所の所長を務めた。当時はまだ中国人観光客の訪日ビザの要件が厳しかったため旅客数も限られていたが、それにも関わらず中国線で高い収益をあげることができたのは貨物輸送の増加とそれを支える767の搭載力が大きく貢献していた。

ただし、現段階ではどの航空機メーカーにも767のように250席前後の座席数を持つ新型旅客機の開発計画はない。後継機といわれる787は、胴体が最も短い787-8でも335席あってかなり大きく、一方で新たに導入されたA321neoは194席でかなり小さい。

「個人的には、今も767は使いやすい旅客機だと思いますが、どんな旅客機を使うのかは社会状況や事業計画などによって変わります。80年代から90年代にかけては、羽田や成田の発着枠が少なく、地方空港にも滑走路の短いところが多かった。こうした状況では767が無二の存在といえましたが、将来にわたってそれが最適とは限りません。ただ、それでも767が40年にわたってANAの発展を支えてきた功労者であるという事実は揺るぎません」

成都空港に駐機するANAの767-300ER。阿部会長は中国駐在経験があるだけでなく、ANAの役員として中国統括部門を担当したが、787導入前までは767が中国路線の主役だった。767はANA国際線の躍進も支えた機種だ。

767 が日本の航空会社に選ばれる理由

Charlie FURUSHO

ハイテク機の先駆けと言われるボーイング767は
双発機全盛時代の端緒を開いた機種とも言えるかもしれない。
そして、この中型機を好んだのが他ならぬ日本の航空会社である。
ナローボディとワイドボディの中間に位置するセミワイドボディの767。
この微妙な大きさが日本の航空事情にマッチしたようだ。

文=編集部

新規2社が相次いで導入

　ボーイング767は民間型だけでも製造機数がおよそ1,200機に達するが、その1割以上にあたる165機が日本の航空会社で活躍してきた。なかでもANAは中古の貨物機を含めて計97機を導入し、世界最大級の767オペレーターとなったことで知られる。また、ANAグループとJALグループの大手2社以外にワイドボディ機を運航した経験のある航空会社が少ない日本において、航空規制緩和後に誕生した新規系2社を加えた計4社に767の運航実績があるという点も特筆すべきだろう。こうしたことから、767は日本の航空会社と極めて相性が良い機種だということがうかがえる。

　その理由としてまず挙げられるのは、やはり日本の特異な空港事情と旅客動向だ。最も分かりやすい例が1998年に運航を開始したスカイマークとエア・ドゥで、現在ではフルサービスキャリアかそれに準ずる存在とみなされる両社は元々航空券の価格破壊を狙う格安航空会社として業界に参入、現在でいうところのLCCに近い印象の会社だった。国内線や短距離国際線に就航する一般的なLCCの場合、高い搭乗率を維持しやすく運航コストも低くて済むボーイング737やエアバスA320といった小型機に機種を統一し、フリートを急速に拡大しながら運航の多頻度化を図って「薄利多売」のビジネスを展開するのが常識となっている。しかし、スカイマークとエア・ドゥにその選択肢はなかった。ハブとな

Tokio Sato

世界有数の導入機数を誇る767オペレーターであるANAグループ。40年前の1983年、日本で初めて767を導入したのもANAだ。

る羽田空港に発着枠の余裕がなく、当初は1日数往復しか便を設定できなかったからだ。海外のLCCならば発着枠に余裕のある大都市の第2空港を使用することもありうるが、当時の首都圏空港は羽田が主に国内線、成田が主に国際線と明確に棲み分けが行われていたため、両社とも必然的に混雑空港の羽田をハブとした。

そこで新規系2社は1便でより多くの乗客を乗せられる（すなわち売上が多くなる）中型機を導入することになり、ともに767-300ERを選定した。ただし、両社とも運航規模を拡大したのちは小型のボーイング737を導入、スカイマークに至っては737-800に機種統一を図り、幹線以外へも積極進出するようになった。なお、残念ながら就航には至らなかったものの、2000年代初頭に沖縄をベースとして定期便参入を目指したレキオス航空（就航前に破産）も767-300ERを選定し、塗装済みの機材も完成していたので、厳密には新規系で3社が導入したという見方もできなくはない（ちなみにこの機材は後にスカイマークのJA767Dとして日本の空で活躍した）。

いずれにせよ、航空需要の一極集中と首都圏空港の機能の貧弱さが現代でいうところのLCC的ビジネスモデルの展開を困難にし、結果としてやや小さめのワイドボディ機である767がセカンドベストとして選ばれたという構図だ。

地方空港にも対応する767

一方、ANAとJALの大手2社にとっても767は使い勝手の良い機種であり続けている。ANAに次いで国内2社目の767オペレーターとなったJALの場合、初号機（767-200）を導入したのは1985年7月で、1996年4月に初号機を導入した777よりも10年以上早い。にもかかわらず、JALでは長距離国際線用の

777-300ER以外の777が787やエアバスA350へのリプレースによりほぼ退役してしまったのに対し、767は依然として25機以上が現役だ（2023年6月現在）。

とりわけ国内線において存在感を示し続ける767がこれほどまでに重宝される理由もまた路線需要や空港事情にあると考えられる。資料によって数値は異なるものの、以前ANAが公表していたデータによると、777-200の離陸滑走距離は1,910mとなっており、悪天候や雪国など運航条件の悪い場合を想定すると2,000m以下の滑走路ではいささか心許ないのに対し、767-300は1,660mで2,000m滑走路にも余裕を持って対応できる。日本国内には2,000m級の滑走路しかない地方空港が少なくなく、こうした空港にも安定的に就航できる767は自ずと活躍の場が広がる。

滑走路だけでなく地上でも制約があり、地方空港には大型機が駐機できるスポットが

JAL

胴体延長型である767-300のローンチカスタマーでもあるJAL。かつて保有していた貨物型は退役したが、2023年5月には旅客機改修型貨物機767-300BCFの導入を発表した。

1998年の就航以来、一貫して767を運航し続けてきたエア・ドゥ。1号機と2号機を自社導入し、3号機以降はANAからの転籍機でフリートを入れ替えている。

新規航空会社のフロンティア的存在のスカイマーク。現在は737の運航会社というイメージが強いものの、就航当初は767を運航していた。

なかったり数が限られていたりする（※767は飛行場基準コードD＝翼幅36m以上52m未満に合致。777と787はコードE＝52m以上65m未満）。このため767の後継機に位置付けられた787では、翼幅を767と同サイズに短縮した787-3の開発計画もあった。787は開発が難航した上、787-3はANAとJALしか発注しなかったことから結局開発が中止されてしまったが、逆に言えば767と同じ翼幅の機体を欲するだけの理由が日本の航空会社にはあったということだ。787が導入されてから10年以上経過した現在も767が多数活躍しているのは、こうした空港事情も背景にあるはずである。

　また、滑走路が2,000m程度の空港は旅客需要も多くないため、そもそも大型機の777ではキャパシティが大きすぎるが、767はその点でも路線需要にフィットしやすい。例えばANAでは小型機の737-800やA321などを主に地方路線へ投入しているが、修学旅行などの団体需要があったり観光シーズンに需要が伸びたりする一部の路線は季節によって767を投入して旅客増に対応している。もちろんJALも同様だ。また、787は767の後継機として導入されたが、実際には787-8国内線仕様機が335席、767-300（ER）国内線仕様機が270席と65席もの差があり、既存の767就航路線をすべて787で置き換えるということはできない。

　航空を含む日本の交通事情の大きな特徴は、欧米に比べて長期休暇が取りにくい社会事情を背景に、夏休みや年末年始、ゴールデンウィークなど特定の時期に旅客需要が集中するため、観光客の多い路線ほど季節変動が大きくなる点だ。年間を通して安定した需要が見込めない空港は滑走路等の施設も貧弱になりがちであることから、一時的に需要が増加しても大型機の投入が難しい場合もある。こうした空港や路線に、性能とキャパシティの両面で対応できる767は需要に対する機材の適性化を図りたい航空会社にとって非常に使いやすい機種といえるだろう。

　一部の空港や路線に旅客が集中する日本の国内線は世界的に見ても特殊で、かつては"日本仕様"とも言われた短距離用のジャンボ機（747SRや747-400D）が開発され、また実現はしなかったものの前述の通り翼幅短縮型の787-3も開発が計画され、実際にANAとJALが発注した。767は必ずしも日本市場だけを意識した機種ではないが、全体の1割を超える導入機数、オペレーターの多さ、初飛行から40年以上経った今も多くが現役機として稼働している息の長い活躍ぶりなどを見ると、日本にマッチしたエアライナーであることは間違いないだろう。そして、その活躍は旅客型だけでなく貨物型にも及んでおり、従来から767-300F/BCFを運航してきたANAに続き、2024年からはJALも767-300BCFを導入すると発表している。旅客型は経年機を中心に今後も数を減らしていくことになるものの、貨物機を含めた767の活躍はもうしばらく続くことになりそうだ。

ボーイング767のメカニズム

写真と文= 阿施光南

機体構成 ▷ Aircraft configurations

767は現在では常識となったワイドボディ双発というスタイルをボーイングで初めて採用し、以後のボーイング旅客機のベースモデルともなった。同時開発の757はコクピットや垂直尾翼(ただし根元は切り詰めている)を共通化し、777は767の基本形を拡大。特に機首部分のラインはほぼそのまま流用した。

ハイテク機の先駆けとして知られ、
中・大型機の2マン・クルー化の流れを作ったボーイング767。
良好な離着陸性能により滑走路が短めの地方空港にも就航できることから活躍の範囲も広い。
そのパフォーマンスで中型機のポテンシャルの高さを証明した機種と言えるだろう。

開発コンセプト
ハイテク・省エネの第四世代旅客機

　ボーイングは、1957年に初飛行した707からわずか12年で、小型の737から超大型の747までのジェット・ラインナップを完成させた。とはいえこの間のマーケットをすべて網羅できたわけではなく、とりわけ最大の747と次の707では座席数に2倍もの差があった。この間を埋めていたロッキード・トライスターやダグラスDC-10、そしてエアバスA300に対抗すべく作られたのが767だが、完成までにはさらに12年の歳月を要した。その間に、旅客機を取り巻く環境が大きく変わったからである。

　まず747の就航から間もなく石油ショックが世界を襲い、旅客機は従来以上に高い経済性が求められるようになった。また70年代にはコンピューターなどデジタル技術が急速に発達し、これを使えば大型機でも2名運航が可能になる(人件費を抑制できる)可能性が拓けた。ただし、それを実現するためには技術的な問題だけでなく、雇用問題なども解決する必要がある。そうした機が熟するまでに、10年以上の歳月が必要とされたのだ。

■上級クラス

ANA機の国際線ビジネスクラス/国内線プレミアムクラスは5アブレストで、中央は1席のみとしている。かつて747で最前方Aコンパートメントにただ1席だけ設置されて人気だった「艦長席」を思い出す人も少なくないだろう。

■エコノミークラス（普通席）

国際線エコノミークラス/国内線普通席は2-3-2席の7アブレストが標準。窓側でも通路側でもない席は中央の1列しかないため、乗客には快適なレイアウトといえるが、床面積に対する通路の割合が高いという弱点はある。

■オーバーヘッドビン

初期のキャビンと大きく変わったのがオーバーヘッドビンだ。767に限らず昔のワイドボディ旅客機はオーバーヘッドビンが小さかったが、現在のようにキャスターバッグを機内持込する習慣はなかったので問題はなかった。

■ラバトリー

767はバキューム式のトイレを最初に導入し、汚物タンクを後方1か所にまとめることで地上作業を効率化した。初期には座ったまま洗浄ボタンを押すと尻が吸いついてしまうというトラブルもあったというがすぐに改善した。

■非常口

キャビン前後のドアは大型のタイプAで、上方にスライドして天井裏に収納される。これはDC-10やトライスターでも採用されたものだが、非常時などに動力アシストがない場合には開けるために相応の力と身長がいる。

機体サイズとキャビン
300席クラスへの拡張性を備えたセミワイドボディ

　767の胴体は、幅5.03mのセミワイドだ。これは当初の狙いだった200席クラスの旅客機に対してワイドボディでは太すぎるからだ。200席ならばナローボディでも十分だが、トライスターやDC-10に対抗する300席クラスまでを視野に入れると発展性がない。またボー

イングは767と同時期にナローボディの姉妹機757も開発していたから、「ナローボディが必要ならば757をどうぞ」という売り方もできた。

　キャビンは2+3+2席の横7席が標準で、不人気の「中央席」の比率が少ない。一方でセミワイドボディでは、ワイドボディ用のLD-3コンテナを2列に搭載できないという欠点があり、それが大手航空会社でボーイングと密接な関係があったパン・アメリカン航空が767を導入しなかった理由とも言われている。

翼 ▶ Wings

■翼上非常口とスライドシュート

石油ショック後に開発された767では、高速性よりも経済性重視の新翼型が使われ、厚みも増したために構造的にも楽に（軽量に）できた。翼の上には小型非常口を片側2つずつ装備しており、いったん主翼に出たあと後方に展開するスライドシュートを使って地面に降りる。ここのスライドシュートはドアではなく胴体内に格納されている。

■ウイングレット

2008年には767にもブレンデッドウイングレットのオプションが用意された。アビエーション・パートナーズ・ボーイング製で、長さ3.4m×幅4.5m。スパンは片翼約1.65m大きくなるが、約5%の燃費向上が期待できる。

■高揚力装置

高揚力装置はフラップと連動して下がるフラッペロンを中心に、内側がダブルスロッテッド式、外側がシングルスロッテッド式で、さらに外側に低速用エルロンがつく。767-200は1,800m滑走路からでも離着陸できた。

■テールスキッド

767-300は767-200の胴体を6.4m延長したもので、離着陸時の引起し時に地面との間隔が小さくなるためにテールスキッドが追加された。ランディングギアのような強度はなくテールヒットを検知するのが主目的だ。

翼とエンジン
経済性を重視した大面積・高アスペクト比の翼

767は、それまでのジェット旅客機と比べると大きな主翼を持っている。たとえば767-200をトライスターと比べると、全長は5.6m短いのに翼幅は0.3m大きく、アスペクト比も大きいが後退角は小さい。これはスピードよりも経済性を重視した形である。

また大きな翼は低速での飛行を可能にし、推力の大きなエンジンとあわせて良好な離着陸性能を実現している。これはANAが767を選定した大きな理由のひとつで、十分

■ メインギア

メインギアは4輪で各タイヤに油圧ブレーキを装備。初期の機体にはブレーキ冷却ファンもあった。ストラットは着地時に垂直になるよう後傾しており、さらに根元部分は翼に垂直になるよう「く」の字に曲がっている。

■ ノーズギア

ステアリング機能のついたノーズギア。格納用のドアは地上では完全に閉まらずに隙間ができるが、離陸してギアアップした後には完全に閉まって平滑になる。そのさらに前方の黒い窓は景色を撮影するビデオカメラ用。

■ エンジン

767のエンジンは3社から選択できるが、ANAはそれまで747SR/LRで実績のあったGEのCF6を選定。現在は初期のCF6-80Aシリーズよりも推力が大きいCF6-80C2B6で、FADECによるフルデジタル制御が可能になっている。

■ ETOPS

片発で60分までに制限されていた双発機の運航を一定の条件のもとで緩和するのがETOPSだ。767は世界で最初に120分ETOPSを認められた旅客機であり、その後は180分ETOPSまで拡張できるようになった。

な滑走路長のない地方空港にも就航できる。その代表例が旧広島空港（後の広島西空港）で、わずか1,800mの滑走路でも運用することができた。

　エンジンはGEのCF6、P&WのJT9D、ロールスロイスのRB211の3種類から選ぶことができる。これらはいずれもDC-10、747、トライスターなどに搭載されて実績をあげていたが、それからさらに10年を経て推力や燃費

などが改善されていた。たとえばANAは747と同シリーズのCF-6を選定したが、747用のCF6-50に対して767-200用のCF6-80Aは燃費が6%改善しており、767-300/-300ER用のCF6-80C2シリーズではさらなる推力増加と燃費の改善を実現した。また途中からはエンジンをデジタル制御するFADEC（Full Authority Digital Engine Control）が装備されるようになった。

コクピット 〉〉〉 Cockpit

■ パイロット正面パネル

パイロット正面で電子化されたのはEADI（電子姿勢方位指示器）とEHSI（電子水平状況指示器）で、EADIには後に対気速度情報も追加されたが、機械式の対気速度計や高度計、昇降計などはそのまま残されている。

■ センターペデスタル

センターペデスタルにはスラストレバーを中心に、左右にFMSとの情報をやりとりするCDUが装備されたのが特徴で、現在はより多機能なMCDUに更新されている。スラストレバーの赤色はFADEC装備機であることを意味している。

■ コクピット

767は初めてグラスコクピットを装備したが、ライバルのA310と同様に多くの機械式計器を残したハイブリッドだった。しかしシステム監視と制御については自動化しており、ワイドボディ機でありながら2名運航を実現した。

コクピット
デジタル技術と飛行管理システムの革新

　デジタル技術を駆使した767は、第四世代ジェット旅客機と言われた。ちなみに第一世代は707など初期の長距離ジェット旅客機、第二世代はカラベルなどの中・短距離旅客機、第三世代は747などのワイドボディ旅客機である。

　デジタル技術によって、それまでFE（航空機関士）が行っていたシステムの監視や操作を自動化し、パイロット2名での運航が可能になった。システムの状況は必要に応じて表示すればよいため、CRT（ブラウン管）を使った電子ディスプレイを導入。エンジン関連の情報や注意・警告情報とあわせてシステム情報を2面のEICASに表示できるようにした。

　操縦用の計器に関しては多くが機械式で残されているが、姿勢方向指示器と水平状況指示は電子化されてEADIとEHSIとなり、EDAIには後に対気速度も表示できるようになった。これらをさらに発展させたものがPFDとNDである。

　デジタル化により、それまでバラバラだったシステムを統合してコントロールできるようになったが、その中枢としてFMS（飛行管理システム）が装備されたというのも767の特徴だ。これによって、オートパイロットやオートスロットル、航法装置などを一元的に管理し、最適に飛行できるようになった。またパイロットがFMSと情報をやりとりするためのCDU（コントロール＆ディスプレイユニット）が初めて装備された。

A☆50/Akira Igarashi

新旧オールラウンド中型機の血脈
ボーイング787&767
派生型オールガイド

元祖ハイテク機から革新的次世代機へ

ハイテク旅客機の元祖に位置付けられることもあるボーイング767。
複合材料を多用するなど旅客機に革命的進化をもたらしたボーイング787。
機体サイズも開発年代も異なる2機種だが、ともにさまざまな路線特性に対応する万能中型機として
航空会社から支持を得ているのが共通点と言える。
両機種ともに航空会社にとって使い勝手の良さをさらに高めているのが、
胴体延長型や長距離型などの派生型だ。

文=久保真人

A☆50/Akira Igarashi

ボーイング787

長距離路線の運航形態は、2010年代以降に長距離用大型機と短距離用小型機を組み合わせたハブ＆スポークから、長距離用中型機によるポイントtoポイントへのシフトが進んだ。その原動力となったのがボーイング787だ。この双発ワイドボディ機は、機体の構造材に軽量でありながら堅牢で疲労強度が高いCFRP（炭素繊維強化プラスチック）を全面的に採用して軽量化と耐腐食性を実現した。さらに低燃費・低騒音・低排気ガスに磨きをかけた新世代エンジンとの組み合わせにより燃料消費量を在来機より20〜25％削減している。これにより250席級の双発機として初めて13,000km以上の航続性能を得て、それまで採算の取れなかった長距離中需要路線の直行化を可能にしたゲームチェンジャーとなった。

サ
ス
テ
ナ
ブ
ル
時
代
を
先
取
り
し
た
高
効
率
機

787 Specifications

	787-8	787-9	787-10
全幅	60.12m	←	←
全長	56.72m	62.81m	68.28m
全高	16.92m	17.02m	←
翼面積	324.2㎡	←	←
エンジンタイプ（推力）*	Trent1000C（31,660kg） GEnx-1B70（32,800kg）	Trent1000-K2（33,480kg） GEnx-1B74/75/P2（34,790kg）	Trent1000-TEN（34,470kg） GEnx-1B76（34,520kg）
最大離陸重量	227,930kg	254,692kg	254,011kg
最大着陸重量	172,000kg	193,300kg	202,000kg
零燃料重量	161,000 kg	181,000 kg	193,000 kg
燃料搭載量	126,206ℓ	126,372ℓ	←
最大巡航速度	M0.90	←	←
航続距離	13,620km	14,140km	11,910km
標準座席数（2クラス）	248	293	336
初就航年	2011	2014	2018

*代表的なエンジンタイプ

787-8
時代が求めた
新世代ワイドホディ機の基本型

ボーイングは1990年代半ばに747-400よりもさらに大型の新機種を開発する構想を持っていたが、エアバスが総二階建てのA3XX（2000年12月19日にA380としてローンチ）の開発を本格的に進めていたことに加え、超大型機のマーケットに2機種が共存できるだけの需要がないことから新型大型機の開発を断念した。代わりに従来機よりも15％高い速度で所要時間の短縮を狙う中型機「ソニッククルーザー」と、運航効率を高めて経済性

と環境性を追求する「7E7」（EはEfficiency＝効率）の2機種の研究を進めた。その最中に9.11アメリカ同時多発テロの発生とイラク戦争後の原油価格急騰などの社会情勢もあり、航空会社からの要求は経済性に傾いていった。この結果、ボーイングは2003年末に7E7の航空会社への提示を行うことになった。

当時、767とA321に代わる次期中型機の選定を進めていたANAは、2004年4月26日に7E7を50機発注してローンチカスタマーとなった。ANAの発注により本格的な開発がスタートした7E7は、2005年1月28日に787ドリームライナーと命名され、2008年後半の引

き渡しを目差すことになった。最初に基本型の787-8、続いて短距離型の787-3、最後に胴体延長型の787-9を開発するスケジュールが立てられた。機体のサイズは767-300と777-200の中間で、胴体直径は5.74m（767は5.0m、777は6.2m）、エコノミークラスの座席配置は横8〜9列が基本となった。

胴体や主翼など機体構造の50%（777は10%）に東レが開発・製造している一体成形のCFRPを使用するとともに、与圧・空調や主脚のブレーキ、主翼前縁の防氷などに使用するエンジンからのブリードエアに代わり、電気を使用するモーターやコンプレッサー、ヒーターによる新しいシステムが最大の特徴になっている。発電機は左右のエンジンと後部のAPUにそれぞれ2台、計6台（従来機は3台）を搭載している。

開発・生産のうち35%（胴体の一部、中央翼、主翼）を三菱、川崎、SUBARU（旧社名は富士重工業）など日本の重工メーカーが分担し、日本で生産されたコンポーネントは中部国際空港で787の大型コンポーネント輸送用に改修された747LCFに搭載して最終組立地のアメリカへ輸送される。

フライトコントロールは、777に次いでデジタル式のフライ・バイ・ワイヤを採用し、コクピットは大画面のLCDを5基配置した新しいデザインとなった。さらに737NGでは左席（機長席）のみの上部に装備された収納可能の

ヘッド・アップ・ディスプレイを左右両席に標準装備している。

キャビンで特徴的なのは客室窓の大型化（767の28cm×39cmから28cm×47cmに拡大）と、窓下のプッシュ式スイッチにより5段階で明度を変えることが出来る電子シェードの採用があげられる。さらに胴体に強度の高いCFRPを採用したことで機内与圧を上げることが可能となり、従来機の機内気圧高度2,400m程度から1,800m程度の低高度に維持できるようになった。さらにCFRPは腐食することがないので、加湿器を備えて乾燥を和らげることも可能にしている。

エンジンは64,000lbf級のロールスロイスのTrent1000もしくはゼネラル・エレクトリックのGEnx-1Bからの選択制で、共通の搭載方式を採用してメーカーの異なるエンジンの換装を容易にしている。2社ともに低燃費で二酸化炭素や窒素酸化物の排出量が削減された次世代モデルで、エンジンカウルの後部をギザギザにしたシェブロン・ノズルの効果もあり、離陸時の騒音値は767-300よりも60%少なくなったとされている。ANAはTrent1000を、2004年12月22日に発注したJALはGEnx-1Bを採用した。

2007年7月8日に初号機がロールアウトした後、炭素繊維複合材を接続するファスナー不足や主翼ボックスの強度不足、Trent1000の開発遅延など数々の問題が発生し、開発は大幅に遅れることになった。2009年12月15日に初飛行に成功してからも多くの問題点が発覚し、一時は試験飛行も中断されてしまった。

難産の末、2011年9月25日に初号機LN（Line Number）8（JA801A）がANAに引き渡され、10月26日に787就航キャンペーン参加登録者から選ばれた一般旅客など乗せて成田から香港に向けて実運航を行った

（最初の定期便就航は11月1日の羽田発岡山行き）。2005年に発注したJALも2012年4月22日に初号機LN23（JA822J）が成田〜ボストン線で初就航した。

しかし、就航後も2013年1月7日にボストン空港でJAL機が、1月16日には山口宇部から羽田に向けて飛行していたANA機が、それぞれリチウムイオンバッテリーから出火するというインシデントに見舞われ、787は約4か月にわたり全機が飛行停止となってしまった。さらに多発したエンジントラブルや生産工程の不具合による引き渡し中止などを乗り越えてきた。

生産初期の機体で、設計値よりも重量が増加したことからANAなどから受領拒否となった「魔のティーンズ」と言われた10機もビジネスジェットなどとして引き渡しが終わり、2023年4月現在で388機が引き渡されている。このうちANAは36機、JALはZIPAIR Tokyoが運航する機材も含めて30機を受領している。

787-9
最も受注を得ている人気モデル

787-8に続いて開発される予定だった787-3は、主翼端の形状を通常のウイングレットに変更してウイングスパンを約8m短くした短距離型のモデルで、ANAとJALの2社が発注していた。しかし787-8の開発が約3年遅れたため、ボーイングは2008年に多くの受注を集めていた787-9の開発を優先することにした（787-3はANAとJALの787-8への発注変更により開発見送りとなった）。

787-9は787-8の胴体を主翼の前後で6.1m延長したストレッチ型で、主翼や尾翼などは787-8と同じだが、胴体延長による重量増に対応するため構造と主脚の強度を増やすとともに、最大離陸重量が227,934kgか

Tokio Sato

787-9

ら254,692kgに増加することからタイヤを拡大している。

エンジンはTrent1000の推力を増強して燃費を向上させた71,000lbf級のパッケージCを、GEnx-1Bも推力向上などの改良を施したPIP2を装備し、空力の改善もあり航続距離は787-8の13,530kmから14,010kmに向上している。このエンジンの改良とともに、787-8の初期型から不具合などのアップデートを続けて熟成された787をベースに開発したことから、787-9は787の完成形ともいえるモデルとなった。

787-9はニュージーランド航空が2005年10月に10機を発注してローンチカスタマーとなった。初号機はニュージーランド航空が発注したLN126で、2013年9月17日に初飛行、2014年6月16日にFAAとEASAから型式証明を得て、LN169（ZK-NZE）が2014年7月9日にニュージーランド航空に引き渡された。

日本ではANAが2010年9月30日に55機を発注している787-8のうち15機を787-9に変更することを決定、JALも続いて2012年2月15日に787-9を20機発注（うち10機は787-8からの変更）した。まずANAがLN146（JA830A）を2014年7月27日に受領して国内線に投入し、続いてJALもLN139（JA861J）を2015年6月9日に受領して国際線に投入した。この機体は787-9のGEnx-1Bエンジ

ン装備の初号機で、型式証明取得のための試験飛行の後にJALに引き渡された。

カンタス航空は787-9の航続距離の長さを活かして2018年3月に飛行距離14,500km、飛行時間が17時間に及ぶパース〜ロンドン線を開設した。この路線はオーストラリアとロンドンを初めてノンストップで結ぶ定期便となり話題になっている。

787-9は2023年4月現在で587機が引き渡された。このうちANAは40機、JALは22機を受領している。

787-10
オーバー300席のスーパーストレッチ

ボーイング787-9の胴体を主翼の前後で5.5m延長して胴体の構造を強化した787-10は、777-200やA330／A340の代替需要に対応するモデルで、2013年5月30日にシンガポール航空からの受注により同年6月18日にローンチした。標準座席数は2クラスで787-9よりも40席多い336席となり、最大離陸重量は787-9とほぼ同等の254,011kgなので、航続距離は787-9よりも短い11,730kmとなる。

胴体が長くなったことで離陸時の引き起こし角度が大きいと尾部下面を滑走路に接触する可能性があるため、主脚に777-300ERで採用されたSLG（Semi Levered Gear）

787-10

Tokio Sato

を採用している。これは主脚のボギー全体ではなく後輪のみが最後まで接地する構造で、主脚を長くしてクリアランスを大きくすることと同じ効果がある。

エンジンは76,000lbf級のTrent1000改良型のTrent1000-TEN（Thrust Efficiency and New technology）シリーズとGEnx-1B76/78からの選択で、初号機LN528はTrent1000を搭載して2017年3月31日に初飛行した。2号機LN548はGEnx-1B76/P2を装備して試験飛行に加わり、2018年1月22日にFAAの型式証明を取得した。

787の生産ラインはワシントン州のエバレット工場に加え、2010年にサウスカロライナ州のノースチャールストンに新設した工場の2か所で最終組み立てを行ってきたが、787-10は生産をノースチャールストン工場に集約して行っている。なお、エバレット工場の787の生産ラインはLN1095（787-9、JA937A）を最後に閉鎖され、現在は787の3タイプすべてがノースチャールストン工場のみで生産されている。

最初に路線就航させたのはシンガポール航空のLN622（9V-SCB）で、2018年5月3日のシンガポール〜関西線だった。日本ではANAが2015年3月にTrent1000-TEN装備機3機を発注、さらに2020年2月25日に777に代わる国内線用機材としてGEnx-1Bエンジン装備機を11機追加発注している。現在就航している3機は中距離国際線用機材で、初号機LN809（JA900A）が2019年4月26日の成田発シンガポール行きで路線就航した。

787-10は2023年4月現在で225機を受注しており、79機が引き渡されている。発注数が多いのはリース会社を除くとエティハド航空が30機、続いてユナイテッド航空とシンガポール航空がそれぞれ27機となっている。

ボーイング767

ボーイング747やダグラスDC-10、ロッキードL-1011といったワイドボディ機が世界の空の主役として活躍していた1980年代。中・長距離路線は3〜4発機の独壇場で、双発機は近距離路線にナローボディ機が就航しているに過ぎなかった。唯一、欧州の航空機メーカーのコンソーシアムとして設立されたエアバスが1970年代初頭に双発ワイドボディ機のA300を開発したが、まだ双発機が大陸間を結ぶような長大路線で活躍することはなかった。そのような時代に中距離用の中型ワイドボディとして開発されたのがボーイング767だった。

767 Specifications

	767-200	767-200ER	767-300
全幅	47.57m	←	←
全長	48.51m		54.94m
全高	15.80m	←	←
翼面積	283.30㎡	←	←
エンジンタイプ(推力)*	JT9D-7R4D(21,792kg) CF6-80A(21,792kg)	PW4056(25,765kg) CF6-80C2B4F(26,287kg)	JT9D-7R4D(21,792kg) CF6-80C2B2F(23,835kg)
最大離陸重量**	142,882kg	179,169kg	158,758kg
最大着陸重量**	123,377kg	136,078kg	136,078kg
零燃料重量**	113,398kg	117,934kg	126,099kg
燃料搭載量	45,955〜63,217ℓ	63,216〜91,380ℓ	63,216ℓ
最大巡航速度	M0.80	←	←
航続距離	7,200km	12,200km	7,200km
標準座席数(2クラス)	214	←	261
初就航年	1982	1984	1986

	767-300ER	767-300F	767-400ER
全幅	47.57m	←	51.92m
全長	54.94m	←	61.37m
全高	15.80m	←	16.80m
翼面積	283.30㎡	←	290.70㎡
エンジンタイプ(推力)*	PW4060(27,240kg) CF6-80C2B6F(27,240kg) RB211-514G/H(27,488kg)	CF6-80C2B7F(28,168kg)	CF6-80C2B7F(28,804kg)
最大離陸重量**	186,880kg	186,880kg	204,116kg
最大着陸重量**	145,150kg	147,871kg	158,757kg
零燃料重量**	133,810kg	140,160kg	149,685kg
燃料搭載量	91,380ℓ	←	91,140ℓ
最大巡航速度	M0.80	←	←
航続距離	11,070km	6,025km***	10,415km
標準座席数(2クラス)	261	—	296
初就航年	1988	1995	2000

*代表的なエンジンタイプ　**最終生産型の諸元　***ペイロード52.7t

767-200
北米大陸横断路線を主マーケットに開発された基本型

ボーイングは1970年代半ばに727/737と747のギャップを埋める新型機と727/737を更新する新機材の構想を持っていた。それが180席から200席級のナローボディ機7N7とワイドボディ機の7X7で、姉妹機として並行して開発することになった。後に7N7は757、7X7は767としてローンチした。当時は1973年の第一次オイルショックにより燃料価格が

767-200

Charlie FURUSHO

高騰し、新型機には省エネ化が求められた。767は当初180席級の767-100、200席級の767-200、そしてカリブ海や大西洋の洋上飛行に対応する3発機の777（後に開発された777とは異なる）の3タイプが計画された。ワイドボディ機としては胴体が細く2-3-2の横7列をスタンダードとして、床下貨物室に747やDC-10などのワイドボディ機では標準のLD-3より小型のLD-2コンテナを新たに開発して横2列の搭載を可能にしている。

　最終的に767-100は当初の計画より大型化した757と座席数が競合すること、3発機案の777は経済性に劣ることに加えエンジンの信頼性が向上していたことで計画のみに終わった。こうして767-200が1978年7月14日にユナイテッド航空から30機を受注してローンチ、さらに同年中にアメリカン航空、デルタ航空からも受注して本格的な開発が始まった。

　767は並行開発していた757とコクピットの共通化を図るとともに、当時急速に進化していたデジタル技術を取り入れることにより、それまで航空機関士が行ってきたエンジンやシステムのモニターなどを自動化し、200席級の旅客機として初めてパイロット2人でも安全に運航できるようにすることを目差した。このため、パイロットが情報を把握しやすくするため主計器に6面のCRT（Cathode Ray Tube ＝

陰極線管／ブラウン管）を採用し、姿勢や方位などの飛行情報とエンジン、システムの情報を複合的かつ集約的に表示できるグラスコクピットを開発した。

　しかし、アメリカの乗員組合の反対により従来通り航空機関士が乗務する3人乗務仕様と2人乗務仕様の2タイプを並行して開発することになった。最終的にこの問題を審議していたアメリカ政府の諮問委員会がパイロット2人でも安全に支障がないとの結論を出し、3人乗務仕様はオプションとなった。この結果、アメリカのエアラインは2人乗務仕様のコクピットを採用し、3人乗務仕様はオーストラリアのアンセット航空のみが採用することになった。

　エンジンはすでに747で採用されていた選択制となり、ローンチカスタマーのユナイテッド航空はプラット＆ホイットニーのJT9D-7R4Dを選択、デルタ航空とアメリカン航空はゼネラル・エレクトリックのCF6-80A2を選んでいる。

　767-200の2人乗務仕様機は1982年7月30日に型式証明を取得し、8月19日にユナイテッド航空に引き渡され、9月8日のシカゴ～デンバー線で初就航した。

　日本でもまずANAが1979年10月1日にCF6-80Aを装備した767-200の導入を決定

し、1983年6月21日の東京～松山線と大阪～松山線で初就航した。続いてJALが1983年9月29日にJT9D-7R4Dを装備した767-200と767-300（後述）の導入を決定し、1985年11月1日に767-200が東京～千歳線と東京～福岡線に就航した。ANAは25機、JALは3機を導入した。

767はエンジンと機体の信頼性が大幅に向上したことで、ETOPS（Extended range Twin engine Operational Performance Standards＝双発機による長距離進出運航）の制限が1985年に60分から120分に延長されたことが受注に大きな影響を与えている。それまで双発機は長時間の洋上飛行を強いられる大西洋線や太平洋線などは航続距離が長くなっても実質的にノンストップ運航が不可能で、そのため747やDC-10といった3発機以上の機種を使用せざるを得なかった。しかし1985年にFAAが767に対し120分ETOPSを承認し、この結果TWAの767-200が同年2月1日にボストン～パリ線に就航して大西洋線では徐々に経済性の高い双発機による運航が増えていった。

1987年まで生産され、総生産数は128機。最終号機はLN184（G-BNCW）の機体で、英国のチャーター航空会社ブリタニア航空に引き渡された。

767-200ER
双発機の概念を覆した長距離型

767の開発では基本型となった767-200とともに767-200の航続距離延長型である767-200ER（Extended Range）、胴体延長型の767-300の3タイプのラインナップで構成することが確定していた。767-200ERは767-200の中央翼内に燃料タンクを増設し、初期モデルでは45,955リットルの767-200に対

して63,216リットルに増やし、重量増加型の最終モデルのオプションでは91,380リットルまで搭載量を増やした。

初期モデルはPW4050とCF6-80C2B2Fを装備し、最大離陸重量は767-200より約15％増の156,490kg、航続距離は最大5,963kmの767-200に対し9,510kmまで延長された。さらに推力を増加したPW4056とCF6-80C2B4Fを装備した最終モデルの最大離陸重量は175,540kg、航続距離は12,352kmまで延長されている。

767-200ERは1982年12月にエチオピア航空から受注を得て開発を開始し、初就航は1984年3月27日でエル・アル・イスラエル航空に引き渡されたLN86（4X-EAC）の機体だった。

FAAは1988年にETOPSを180分まで延長したことでルート上の制限は大幅に緩和され、地球の約95%をカバーすることになった。767-200ERの運航範囲は太平洋線や東アジアと欧州をシベリア経由で結ぶ路線にまで拡大し、767-200ERの航続性能を活かせるようになった。日本の航空会社の導入はなかったが、アジアでは中国国際航空やエバー航空、また路線の多くが長距離路線のカンタス航空などが導入した。さらにエア・カナダやTWAなどは一部の767-200をER仕様に改修して長距離路線に投入した。

767-200ER

2001年まで生産され、総生産数は121機。航空会社向けの最終号機はLN851（N68160）の機体で、コンチネンタル航空に引き渡された。

767-300
航空需要拡大に対応したストレッチ型

日本の国内線で最もなじみ深い機種となった767-300は、767-200の胴体を主翼の前後で6.4m延長したストレッチ型で、1983年2月にJALから3機を受注したことでローンチした。胴体の延長により最大離陸重量が増加するため構造の一部が強化される以外は、主翼、尾翼などは767-200と同じで、旅客定員が最大290席に増えることで主翼上面のタイプⅢの非常口が左右各1か所ずつ追加されている。また離陸時の引き起こし時に角度が大きいと尾部下面を滑走路に接触することを考慮してテイルスキッドを装備している。

エンジンはJT9D-7R4DとCF6-80C2B2からの選択制で、1987年からはP&Wの新世代PW4050系も選択可能になった。燃料搭載量は767-200とほぼ同じで、最大離陸重量は767-200の142,882kgに対し、胴体延長により重量が増加したことで158,758kg

となった。航続距離は最大7,450kmで、767-200よりも約1,000km短くなっている。

767-300の右舷前方の床下貨物室のドアは767-200と同じサイズで幅1.53m、高さ1.63mのLD-2コンテナに最適化した幅1.92m、開口部高さ1.7mを標準にしているが、オプションで大型パレットの搭載を可能にした幅3.4m、開口部高さ1.7mの大型ドアも選択できる。JALはこのオプションを国際線仕様機として導入した5機に採用している。

767-300の初号機LN135はJT9D-4R4Dを装備して1986年1月14日にロールアウト、試験飛行の後1986年9月22日にFAAの型式証明を取得して9月25日にJA8236としてJALに引き渡された。初就航は10月20日で767-300の2号機LN148として生産されたJA8234だった。JALに続きデルタ航空がアメリカ国内線に導入するとともに、1987年6月30日にはANAがCF6-80C2B2を装備した初号機LN176（JA8256）を受領して7月10日に路線就航させた。

JALは国内線とともに近距離国際線と日本アジア航空路線に投入し、1994年以降の導入機はエンジンをCF6-80C2B4Fに切り替えて1999年までに22機を導入した。

Tokio Sato

767-300

ANAはソウル線開設時の1年ほどは国際線にも投入したが、以降は国内線専用機として1998年までに34機を導入するなど、国内線を代表する主力機として運航した。

767-300は2001年まで生産され、総生産数は104機。最終号機はLN849（B-2498）の機体で、上海航空に引き渡された。

767-300ER
767を代表するオールラウンド機

767の4番目の派生型として開発された767-300の航続距離延長型。767-200ERと同様に中央翼内に燃料タンクを増設して搭載量は91,380リットルまで増加している。さらに改良が進んで61,000lbfクラスまで出力を向上させたエンジンを装備して最大離陸重量を172,365kgに引き上げた。最終型では186,880kgまで増加し、航続距離は11,070kmとなった。

エンジンはPW4056とCF6-80C2B7Fを装備し、最終型ではより推力の大きいPW4062とCF6-80C2B7FもしくはB8Fも選択可能になった。さらに1987年8月にブリティッシュ・エアウェイズの発注によりロールスロイスのRB211-514G/Hも選択可能となった。RB211装備機の初号機はLN265の機体で、1989年5月に引き渡された。

767-300ERでは主に欧州のチャーターエアラインの要求に応えるため定員を最大351席まで増加するオプションが用意された。FAAは機内のすべてのドアと非常口の半分以下を使用して有事の発生から90秒以内に乗客・乗員全員が脱出できる規準を設けており、定員増に対応するためドアと非常口の数と位置を変更している。通常はドアの規格でタイプAといわれる乗降口にも使用されるドアを胴体の前方と後方に4か所、タイ

767-300ER

Boeing

プⅢと言われる小型の非常口を主翼上部に4か所配置しているが、このオプションではタイプAを主翼前方4か所と後部2か所に増設した。非常口は主翼上面にタイプⅢを2か所設けたモデルと、主翼後方にタイプⅢよりも大型のタイプⅠを2か所設けたモデルを用意している。

このオプションは主翼前方にタイプAのドアを4か所設定したことでドアを境に機内のクラス分けができるというメリットもあり、定員増を求めないデルタ航空やエア・カナダ、ブリティッシュ・エアウェイズ、KLMなどの大手エアラインも採用している。

前方のカーゴドアは767-200と767-300ではオプションだった大型パレット対応の大型ドアが767-300ERでは標準装備になっている。

767-300ERの初号機LN202は1988年1月20日にFAAの型式証明を取得し、アメリカン航空が1988年3月3日に路線就航させた。日本ではANAが1989年6月に初号機LN269（JA8286）を導入して東南アジア線に投入した。続いてAIRDOが運航開始に備えて1998年3月にLN687（JA98AD）をリース導入し、同年8月にはスカイマークがLN714（JA767A）をリース導入して国内線への新規参入を果たした。スカイマークが初期に導入した3機はオプションのドア配置を採用

して2クラス309席仕様（3号機はシグナスクラスを増席した254席仕様）となった。この3機は2-4-2の横8列のハイデンシティ仕様になっている。

　日本で最後に767-300ERを導入した航空会社はJALで、2002年5月にLN875（JA601J）を導入して主に東アジアへの路線に投入した。JAL機は2000年に就航した767-400ER（後述）で採用されたボーイング777スタイルのインテリアを採用している。同時期に受領したANA機LN877（JA603A）以降も同様のインテリアに変更された。

　エンジンの改良などにより初期の引き渡し機よりも航続距離を延ばした767-300ERは、飛行時間が長い路線では5パーセント程度の燃費低減と二酸化炭素排出削減効果があるとされるエビエーション・パートナー・ボーイング社が開発・製造したウイングレットの装着も可能になった。この改修キットは大西洋線や太平洋線などの長距離路線に投入していたアメリカン航空やデルタ航空が導入するとともに、日本でもANAが2010年から2012年に受領した新造の9機に、JALも2013年から2014年にかけて既存の機材9機に導入している。

　767-300ERは2013年まで生産され、総生産数は583機。最終号機はLN1052（CC-BDO）の機体で、LATAMに引き渡された。

Charlie FURUSHO

767-300F

767-300F
民間型で唯一
生産を継続している貨物型

　1993年1月にアメリカの貨物運送会社のユナイテッド・パーセル・サービス（UPS）の要求により開発された767の貨物専用型。767-300ERをベースにL1ドア後方の胴体に内径幅3.4m、開口部高さ2.62mの大型貨物ドアを設け、主デッキの床面を強化するとともに客室用の窓をなくすなどの変更を行っている。主デッキには2.24m×2.74mパレットならば最大で24枚、もしくは2.24m×3.18mパレット14枚の搭載が可能で、旅客型と同容量の床下貨物室にはLD-2コンテナを前方に12個、後方に10個搭載できる。最大ペイロードは52.7tで、これは747-400Fの約47%の重量になる。

　ローンチカスタマーのUPSが導入した機体は貨物ローディングシステムを設けていなかったが、後に導入したエアラインの機体の主デッキにはガイドレールとPDU（パワー・ドライブ・ユニット＝電動貨物搭載装置）を備えている。

　エンジンは旅客型と同じ選択式だが、CF6-80C2B6FもしくはB7Fを装備したモデルしか受注していない。

　FAAの型式証明取得は1995年10月12日で初号機はLN580の機体となった。初就航は1995年10月12日で、オペレーターはローンチカスタマーのUPSだった。日本ではANAが2002年8月に初号機LN885（JA601F）を受領して4機の新造機と1機の中古機を導入している。JALも2007年6月にLN956（JA631J）を受領して3機を導入したが、貨物専用機の運航から撤退したことで1年半ほど運航した後に手放している。

　現在もFedExなどの受注分の生産を続

けており、2023年5月の時点で230機が生産されている。

767-400ER
最終派生型のロングボディ機

民間型767で最後に開発された767-400ERは、767-300の胴体を主翼の前後で6.40m延長して機体構造を強化したモデルで、2クラスでの最大座席数は261席の767-300に対して296席まで増えている。モノクラスでは409席となる。1997年3月20日にデルタ航空からの発注によりローンチして2000年7月20日にFAAの型式証明を取得した。

このモデルの最大の特徴は主翼端のレイクド・ウイングチップの採用があげられる。これはウイングレットと同様に翼端渦による抵抗を低減させることで巡航時の燃費を向上させる効果があり、ウイングレットよりも軽量という利点がある。エンジンはPW4000シリーズとCF6シリーズの推力を増大させた最新モデルからの選択制となったが、受注したのはCF6-80C2B7F装備機のみとなった。

コクピットは777スタイルにモデルチェンジされて、6面の液晶ディスプレイを中心にしたデザインになった。表示フォーマットは777や737NGと同じだが、従来の767スタイルのフォーマットにも変更できる。キャビンは777スタイルとなり、丸みのある大容量のオーバーヘッドビンを備え、客室窓も777スタイルの丸みのあるデザインに変更された。

767-400ERの初号機LN791は1999年10月9日に初飛行し、2000年7月20日に型式証明を取得した。初就航は2000年9月14日で、デルタ航空に続いて発注していたコンチネンタル航空だった。なお、767-400は中央翼内に燃料タンクを増設した航続距離延長型のERのみの受注で、標準型は生産されていない。航続距離は767-300ERの11,070kmに対して若干短い10,415kmとなった。

767-400ERが開発された時点で、すでに400席クラスの777-200が順調に受注を得ていたこともあり、マーケットが重複する767-400ERはL-1011の後継機として導入したデルタ航空とDC-10の後継機として導入したコンチネンタル航空の2社、VIP機1機の受注にとどまり、わずか39機で生産を終えた。最終号機は2009年1月にバーレーン王室に引き渡されたVIP仕様のLN965（A9C-HMH）だった。

767貨物型改修機
貨物機需要に応えるBCF

近年はDC-10F/MD-10FとMD-11Fが退役時期を迎えていることから、それらの後継機として767の需要が高まっている。このため現在でも767-300Fの生産は続けられており、さらに旅客型から貨物型への改修も近年さらに増加している。

767の貨物型改修は、まず1997年から2004年にかけてANAが運航していた24機の767-200をアメリカのエアボーンエクスプレス（現在のABXエア）が導入し、貨物専用機に改修した。導入当初は主デッキの旅客設備を撤去しただけの簡易貨物機として運

767-300BCF

Tokio Sato

航していたが、2010年以降はL1ドア後方に大型の貨物ドアを設けて旅客用窓を埋めた本格的な貨物機に改修された。改修作業をボーイング・エアプレーン・サービセズが行った機体は767-200SF（Special Freighter）、イスラエル・エアロスペース・インダストリーズBEDEKアビエーション・グループが改修した機体は767-200BDSF（Bedek Special Freighter）と言われている。

　さらにボーイングは拡大する貨物機需要に備えて2005年12月に747と767のBCF（Boeing Converted Freighter）をローンチした。これは改修をボーイングがメーカーとして規格化したもので、767-300BCFはANAがローンチカスタマーになっている。BCFへの改修初号機は、ANAが1989年6月に受領して主にアジア路線に投入していた767-300ERのLN269（JA8286）となった。

　改修作業の工期は約4か月で、ボーイングの指定工場となったシンガポールのSASCO（シンガポール・テクノロジーズ・エアロスペース、現在のSTアエロスペース）で実施された。改修は主デッキへの大型貨物ドアの取り付けと主デッキの床面強化、PDU設置、客室用窓の閉塞などが行われた。

　現在はインターネット通販の普及により小口貨物の需要が急増していることもあり、767-300ERをベースにしたBCFとBDSFへの改修は活況を呈しており、改修待ちの機体がアメリカの砂漠などにある保管場所に係留されている。

　日本ではANAに続きJALが2023年度末からBCFを3機導入する予定。

軍用型の767
AWACS、タンカーの母機としての767

　767の機体サイズと航続距離は経年化した707やDC-8の更新機材として最適で、初期の767-200ではユナイテッド航空やデルタ航空、アメリカン航空などが旧世代機の後継機として導入を進めた。707は民間機だけではなくアメリカ空軍やNATOが運用している空中給油機などの軍用機としても運用されているが、1987年に707の生産が終了するとボーイングはそれらの軍用機の母機を失うことにもなった。その役割を引き継ぐことになったのが767だった。

　最初の軍用型は大型の早期警戒管制機（AWACS）を求めていた航空自衛隊向けのE-767で、すでに707を母機としたE-3が

生産を終えていたことから767-200ERの主デッキにE-3の電子機器を搭載して胴体上部に回転式のレドームを搭載するスタイルとなった。1992年に4機の調達を決定し、1998年3月に最初の2機が航空自衛隊に引渡された。世界でも4機しか生産されていないAWACS機でもある。

　続いて開発されたのが767-200ERベースの空中給油・輸送機KC-767で、2000年代初頭に経年化していたアメリカ空軍KC-135の更新機材として計画された。A330-300ベースのKC-330と競合することになったが、2002年に米国国防総省はKC-767を指定した。しかしKC-767の選定に関わった国防総省の調達スタッフが汚職疑惑により訴追されて有罪となったことで国防総省は2006年1月にKC-767の契約を解除した。

　しかしボーイングはKC-767の開発を続けた結果、2001年6月にイタリア空軍が、続いて航空自衛隊が2001年12月に採用を決定してローンチにこぎ着けた。航空自衛隊機の初号機は2008年2月29日に引き渡された。イタリア空軍4機、航空自衛隊4機の8機が生産されている。

　KC-767の調達が白紙に戻ったアメリカ空軍向けの機種は、次期空中給油機KC-X計画として仕切り直すことになった。ボーイングが提案した767-200ERベースのKC-767とEADSとノースロップ・グラマンが提案したA330-200ベースのA330MRTTの2機種が候補となった。その結果、国防総省はA330MRTTをKC-45として採用することを発表したがボーイングが異議を唱え、機種選定がやり直されることになった。この再選定の最中にノースロップ・グラマンが入札を見送り、2011年2月24日に国防総省はKC-767をKC-46Aペガサスとして179機調達することを決定した。

KC-767

E-767

　KC-46は787タイプのコクピットにアップデートされ、給油システムとフライ・バイ・ワイヤ方式の給油ブームなど最新の技術が取り入れられ、2015年9月25日に初飛行、2019年1月にアメリカ空軍で運用を開始した。続いて航空自衛隊も2機の採用を決定し、2021年10月31日に初号機を受領した。航空自衛隊は2020年10月30日に2機、さらに2022年11月29日に2機を追加発注して6機を運用することになっている。

　このほか、民間型の767-200ERを空中給油機に改修した767MMTTをコロンビア空軍が運用している。

エアバス飛躍の原動力となったA330／A340
技術力の証明から
ビジネスの確立へ

文＝内藤雷太　写真＝エアバス

エアバスがボーイングに比肩する旅客機メーカーに発展する上で
大きな貢献を果たした機種が中型機のA330/A340だ。
開発当時のエアバスにとっては大型機ともいえるこのワイドボディ姉妹機は、
双発と4発というエンジン基数の違いがありながら極めて高い共通性を持つのが大きな特徴で、
これを同時並行開発したことでエアバスの技術力に対する評価も大いに高まった。
4発機時代の終焉によりA340こそ市場から姿を消してしまったものの、
DNAを受け継いだ次世代型のA330neoが登場したことにより
今もエアバス中型ワイドボディ機のセールスを牽引する存在であり続けている。

満を持して開発へ乗り出した
国際線用のワイドボディ機

　エアバスのA330とA340。双発と4発のこの2機種が、ほとんど同じ設計で作られた姉妹機であるのは意外である。しかも開発を同時並行で行ったのは航空史上でも珍しい。エアバスがなぜ中〜大型ワイドボディ機の開発を2機種同時に進め、どうやってそれを成功させたのか、その答は同社の処女作であるA300開発の中にある。

　1960年代中頃の米国に起こったワイドボディ機の胎動で誕生したDC-10、L-1011の2機種の大型3発機は、やや先行して開発された超大型長距離機747と共に、市場を一変するワイドボディ機時代をスタートさせた。

　この米国の動きとは別に、ジェット旅客機の登場で急成長を始めた航空輸送市場に対応するために、ヨーロッパでは1965年頃から主要エアラインや機体メーカーのグループが自主的に次世代旅客機の検討会を立ち上げ、この頃初めて「air-bus」という名が登場した。エアラインのグループが各社の意見から纏め上げた「air-bus」の概略仕様は、主要都市間を路線バスのように結ぶヨーロッパの事情に最適化した広胴の短距離双発旅客機となり、これが後のA300の原点だ。こうした将来に向けた積極的な活動の中で、ヨーロッパの航空業界、特に機体メーカーが一様に感じていたのは、米国メーカーによるヨーロッパ市場侵略の可能性だった。エアラインが示した理想の大型機を開発しなければやがて市場は米国メーカーに制覇されるが、そんな大型機の開発は米国勢に体力で劣るヨーロッパのメーカー単独では手が出せない。この危機感に押され、企業グループの活動は政府の強力な後ろ盾も得たヨーロッパ航空業界全体の協力関係に発展し、エアバスが設立されることとなった。

　このエアバスが仏・独政府の強力な資金バックアップを得て初めて開発したのが、双発ワイドボディ機の嚆矢となったA300だ。まだエアラインからの信用が無く市場シェアゼロの新興メーカーが強大な米国勢と競って生き残るには、エアラインのニーズに応える幅広い商品ラインナップが必要と十分理解し

ていたエアバスは、A300の計画段階からバリエーション展開を真剣に検討した。これらの検討案がA300ファミリーとして順番にローンチされA300ファミリーを形成するが、やがて改修範囲がファミリー枠に収まらなくなって、1978年には検討中のA300B10案をA310と名付けて2作目の新型機として発表する。

A310は短縮したA300の胴体に、フライ・バイ・ワイヤを導入した新設計の主翼、デジタル化・自動化を進めたコントロール系、グラスコクピットなど時代の先端技術を組み合わせた旅客機初のハイテク機で、先進的でハイテクというエアバスのイメージを打ち出した。この時B10案と並行して検討されたのが、後にA330/A340となるB9案とB11案だ。B9はA300の胴体を延長して座席を増やし、DC-10やL-1011など米国ワイドボディ機の機種更新需要を狙う案、B11はA300の胴体短縮で座席を減らし航続距離を延伸したエアバス初の4発長距離機で、707やDC-8などの機種更新需要を狙ったが、B10採用でこの2案は先送りされた。

A300ファミリーを充実させ、A310も発表したエアバスは、ここでA310の次の市場戦略として737とDC-9が寡占するナローボディ機市場への挑戦を決める。1980年、エアバスはナローボディ機をSA(Single Aisle)、ワイドボディ機をTA(Twin Aisles)と名付け、次期計画をSAと決めて社内研究を始めた。これが1987年登場の革新的ハイテクナローボディ機A320だ。SA開発決定の際に、B9/B11はTA9/TA11と改称されて継続が決まり、1982年のファーンボロー国際航空ショーで公表されたが、第2次オイルショックと世界経済後退の中で2案は再び延期となる。

こうして長らく検討だけだったTA9/TA11は1986年、再び表舞台に登場する。A300で市場に足場を固めA320開発の目処も立っ

エアバスの原点となったA300。後に寸法も同じ真円の胴体断面を受け継いだA330/A340が主力ワイドボディ機としてエアバスのセールスを牽引することになる。

たこの年、エアバスでは次の市場戦略の議論が続いていた。A300/A310とA320のラインナップを揃えたエアバスに欠けているのは国際線級の長距離機だが、767やMD-11のローンチで競争激化が必至のワイドボディ機の強化も急務である。

この議論があった1986年当時、FAA(連邦航空局)の双発機の安全運航に関する規定、長距離進出運航基準(ETOPS)は制定されたばかりだった。当時のETOPS-120はエンジン1基停止の緊急時には、双発機は120分以内に着陸可能飛行場に緊急着陸しなければならない、と規定しており、これが洋上飛行を含む長距離線での双発機運航を制限していたので、長距離路線は3・4発機が主役だった。しかし燃費や整備コストに優れる双発機は経済性で断然有利なので、結局当時は大陸横断中心の北米では大型双発機、長距離洋上飛行が不可避のアジアや一部ヨーロッパでは3・4発機と市場が分れていた。TA9とTA11の選択は次の市場を決める重要な意味を持っていたが、この議論はエアバス技術部門の一言で

機体構成的にはオーソドックスなA330/A340だが、際立った特徴は双発と4発という航空機としては大きな違いがありながら、共通性が極めて高い姉妹機として開発されたこと。最終組立ラインも共通化されていた。

一気に解決する。技術部門は両機の構造を共通化すれば2機種同時開発が可能で、別々の開発より開発費を5億USドル節約できると断言し、この一言で当時のマネージング・ディレクター兼CEOジーン・ピアソンは2機種同時開発を即決した。TA9/TA11はA330/A340と命名され翌年1月にはルフトハンザ ドイツ航空からA340-200を受注、A330もエールアンテールが発注を決め、計10社から41機のA330と89機のA340の発注を集めたところで姉妹機同時開発がローンチされた。

エンジン基数以外は高い共通性 操縦系統はA320から受け継ぐ

これまで新興のエアバスは社名の市場浸透や、顧客エアラインの信頼獲得、技術力の証明を優先させてきたが、A330/A340でついに「ビジネス」を前面に押し出した。この時のエアバスの意気込みはピアソンの「もう技術はゴールではない。エアバスのシェア拡大とA320で開発した技術による利益追求がA330/A340のゴールだ」という発言に表れている。

開発は受注状況や市場調査結果から

A340が先行し、B9/B11の入念な検討の成果で順調に進んだ。当初の計画通り開発費を最小限に抑えて生産性を高めるため、この2機種の設計には高度な共通化が図られ、多くの設計をA300/A310/A320から流用した。胴体はA330/A340共通にして基本設計をA300とA310から持ってきたので、胴体断面はA300と同じ直径5.64mの真円断面となった。A340については始めから長胴型と短胴型の2バリエーションを決めて、胴体長59.39m/座席数240（3クラス時）の短胴型がA340-200、胴体長63.69m/座席数295（3クラス時）の長胴型がA340-300とした。A330の胴体はA340-300と共通で、A330/A340共に機内客席配置と床下貨物室にはA300の設計を流用、これは標準のLD-3コンテナを2列並べられるサイズだ。

特筆すべきは主翼で、エンジンマウント部のみ設計を変え、双発と4発の両方に同じ新開発主翼を使うという驚きの選択だった。双発・4発共通主翼のアイデア自体はエアバス社内で1977年に考案され、すでに十分な研究が終わっていたので、エアバスには勝算があった。また長距離型のA340では胴体中央に大型燃料タンクが追加され、合わせて胴体直下に3本目の主脚が追加された。主翼構造はA300、空力はA310の設計を基本に、エアバス独自のリア・ローディング翼型を使う設計で、さらにワイドボディ機初のフライ・バイ・ワイヤとスプリットエルロンを組み合わせて、細かい空力制御を行う。一方尾翼は、垂直尾翼は胴体尾部を含めてA310の設計を共通で使い、一次構造材にCFRPを採用した新設計の水平尾翼はA310と同様に内部を燃料タンクにして、主翼・尾翼間の燃料移動で機体重心を調整するシステムを搭載した。

エンジンはA330とA340の数少ない違い

で選定経緯も異なる。4発長距離機のA340は、航続距離を稼ぐため高出力・低燃費エンジンの採用が条件で、開発発表から間もないインターナショナル・エアロ・エンジンズ（IAE）のV2500SFスーパーファンを唯一のエンジンとして選んだ。V2500SFは減速ギアと可変ピッチブレードで大幅な燃費向上を実現する革新的な高バイパス比ターボファンとなるはずだったが、開発が難航しIAEは途中で開発を断念、エアバスは結局使い慣れたCFMインターナショナル（CFMI）のCFM56-5Cへ変更を余儀なくされた。このエンジン変更で不足する航続距離を稼ぐため、エアバスは主翼設計を変えて燃料搭載量を増やし、翼端ウイングレットも標準装備することになった。一方A330のエンジンは実績あるゼネラル・エレクトリックのCF6-80、プラット・アンド・ホイットニーのPW4000、そして英国系ユーザー向けにロールスロイスのトレント700を用意して、この3基からの選択とした。

　次にコクピットと操縦系統はA320のコクピットを改良して共通化したので、双発と4発で異なるスロットルレバー周り以外は、どちらも同一レイアウトを持ち、フライ・バイ・ワイヤとサイドスティック式コントロールに6台のCRTディスプレイを持つツーマンクルーのグラスコクピットとなった。コクピットレイアウトが同じA320/A330/A340は機種移行で大幅に訓練時間を短縮できる相互乗員資格が認められ、乗員訓練の時間とコストに悩むエアラインには魅力あるセールスポイントとなった。

　こうして先行したA340-300が1991年10月25日に無事初飛行を成功させ、すぐに型式証明取得の準備を開始した。期待通りの性能に残りの作業も順調と思われたが、翌1992年2月、A340初披露のためシンガポール国際航空ショーへの飛行準備を進める中

で、試験中の機体に問題が発生し、エアバスは慌てる。主翼にバフェットが発生したのだ。バフェットは構造破壊を招くフラッターに発展する危険があり、主翼の抵抗を増大させて燃費悪化を招くので、エアラインの発注キャンセルが出かねない重大問題だったが、結局外側エンジンパイロンの付け根にバル

ナローボディ機のA320（上）とワイドボディ機のA330（下）のコクピット。一見したところ見分けがつかないほど共通性が高い。また、A330とA340の目立った相違点もスラストレバーの数くらいである。

双発機時代の到来によってセールスが伸び始めたA330に対し、4発機のA340は次第に苦戦に陥るようになる。長距離型のA340-500や長胴型のA340-600も開発されたが、A330neoのような次世代型が登場することはなく製造が終了した。

ジを追加し気流を整えることで暫定的に問題を解決、量産機で主翼の振りを変えて外翼迎え角を変更する設計変更を行うと決めて一件落着した。主翼周りの不具合は他にも見つかり、内側の前縁スラットの翼弦長を1割増すなどの改修が施されてA330にもフィードバックされた。

最後で思わぬ手間をかけたA340開発だが、その後は順調で1992年4月1日にはA340-200も初飛行に成功、1993年2月2日にローンチカスタマーのルフトハンザへA340-200を引き渡し、同月26日には-300をエールフランスに引き渡して、A340の運航が開始された。後発のA330は1992年11月2日に初飛行し、1994年12月にエールアンテールへ引き渡された。

明暗が分かれた姉妹機の命運 消えゆくA340と 次世代化されたA330

こうして市場シェア拡大と利益追求という使命を負って同時開発されたA330/A340だが、ビジネスとしては成功したのだろうか。A340の方は1987年のローンチ時にはローンチカスタマーのルフトハンザやエールフランスなどから89機の受注を集め、開発中も受注が続くなど滑り出しは好調だったが、その

時点で既に最強のライバルとなるボーイング777の開発が始まっていた。A340の運航開始から1年後に世界最大の双発ワイドボディ機として登場した777は、さらにその1年後の1995年、世界初のETOPS-180認定取得に成功して双発機の常識を覆した。3時間の洋上飛行が可能となったことで双発ワイドボディ機の長距離路線投入が実現し、4発長距離機の需要は激減した。

この大きな変化への対応と大型ワイドボディ機との差別化を図って、エアバスは1997年にA340の第二世代となる航続距離延伸型A340-500、A340-600の2バリエーションをローンチした。特に長大な航続距離に加え胴体延長で座席数も3クラス標準380席まで拡大したA340-600は、登場当時747を凌ぐ世界最長の胴体を持つ旅客機として注目されたものの時代の流れは変えられず、第二世代A340の生産機数は97機と低調だった。こうして4発機はその存在意義を失い、何よりエアバス自身が2006年にA340の後継となる大型ワイドボディ双発機A350XWBを発表したことで、A340にピリオドが打たれた。運航開始からわずか18年後の2011年、総製造機数377機でA340は製造中止となった。

ではA330はどうか。A340とは逆にA330の出だしは最悪で、1987年の開発開始時点では41機を受注していたものの、その後1990年10月の777開発ローンチで勢いづいたボーイングの競合機種767-300ERが市場を奪取、A330は1990年12月の大韓航空の発注以降1995年7月のエアリンガスの契約まで新規受注を得られなかった。さらにコンチネンタル航空の全機キャンセルやノースウエスト航空の受け渡し先送りなど最悪の状況が続き、エールアンテールが1994年からA330の運航を始めた後もこれは変わらなかった。追い詰められ戦略の抜本的見直し

を迫られたエアバスは、ついにA330のバリエーション開発を決断した。

　市場需要の見直しで、エアバスはA330より小さくてもっと長い航続距離の機体に隠れたニーズがあることに気付く。そこで胴体をさらに短縮して機体重量を下げ、その分中央に燃料タンクを追加して燃料搭載量を40%増やした長距離型のA330が急遽開発された。胴体短縮で短くなるテールモーメントアームに合わせ、垂直尾翼を大型化したこのモデルはA330-200と命名され、これまでのA330はA330-300に改称された。A330-200の航続距離は-300の5,700nmに対し6,600nmと大きく延伸し、逆に座席数は3クラス標準で253席と-300の295席より少ない。競合する767-300ERを上回る航続距離と9%低いオペレーティングコストを謳う-200の登場で、ローンチが発表された1995年11月を境にA330のセールスは突然伸び始めた。A340とA330-300の経験から-200の開発期間は最短で済み、1997年8月13日には初飛行に成功。その直後にILFCが-200を15機発注し、これでA330の受注機数は200機を超えた。ILFCの発注機は1998年4月にリース先のチャーター会社カナダ3000に引き渡され、A330-200の初の納入となった。

　-200発表以来A330の受注数はコンスタントに増え続け、今やA320に続くエアバスのベストセラーである。エアバスは市場の需要に合わせてタイムリーなバリエーション展開を行い、現在は-200、-300に加え2007年ローンチのフレイター型A330-200Fや2014年ローンチの次世代機A330neoシリーズ（A330-800、A330-900）というヒット商品を生んでいる。A330neoは高出力低燃費でバイパス比10:1の最新型エンジン、ロールスロイス・トレント7000へのリエンジンだけでなく、A350WBXとA320neoの最新技術を導入して

シャークレット付き新設計主翼、最新コクピットシステム、最新の客室内エンターテインメントシステムを備え、A350WBX、A320neoと並ぶエアバス次世代機に発展した。初号機のA330-900は2017年10月19日に初飛行に成功、2018年11月26日にローンチカスタマーのTAPポルトガル航空に引き渡され、A330-800も2018年11月6日に初飛行し、2020年10月29日にクウェート航空へ引き渡しが完了している。コロナ禍発生直前に運航を始めた最新機なので、市場の評価はコロナ禍が収束した後に定まるだろうが、2023年5月現在のA330ファミリーの顧客数は128、総受注機数1,759機、納入機数1,540機と驚くべき実績を示しており、今後A330neoシリーズがこの数字をさらに伸ばすだろう。A330は当初の狙い通り「利益を追求できる機体」となった。

　かたや短命に終わったA340はビジネスとしては失敗の声もあるが機体完成度は高く、問題は市場投入のタイミングだった。しかもA340で開発した成果をA330に上手くフィードバックできたことがA330の商品完成度に貢献しており、また4発から双発への過渡期にルフトハンザのような大手4発ユーザーを囲い込み、エアバスの双発機展開に誘導したと考えれば、A330/A340の姉妹機同時開発は大成功とだったと言えるだろう。

当初はA330の改良型として開発予定だったA350（奥）は航空会社の支持を集められずに完全な新設計機となったが、その後に改良型のA330neo（手前）が誕生。機体価格の安さや在来機との共通性の高さを理由に、A350から顧客を奪うような現象まで起きている。

■ ディテール解説

エアバスA330neoの
メカニズム

写真と文＝
阿施光南（特記以外）

総二階建ての巨人機A380が誕生するまで、
エアバスファミリーで最大の機体サイズを持つ機種だったのがA330/A340だ。
最初のエアバス機であるA300からワイドボディの胴体断面を、
現在のエアバスFBW（フライ・バイ・ワイヤ）ファミリーの基礎を築いたA320から
サイドスティック装備の操縦システムをそれぞれ受け継ぎ、
特に双発のA330はベストセラー機種の一つとなった。
そして現在は中型機市場においてボーイング787のライバル機種となっているのが、
A330に最新技術を盛り込んだ改良型のA330neoである。
日本の航空会社では導入されていない最新鋭のA330neoだが、同機を運航するデルタ航空が成田空港に
構える整備施設「デルタ・テクニカルオペレーションセンター（Delta TechOps）」で
機体の詳細を撮影することができた。

Charlie FURUSHO

■ A330-900

A330neoは標準型のA330-900と胴体短縮型のA330-800の2タイプによって構成されており、それぞれ在来型（ceo）のA330-300と-200と同じ機体サイズとなっている。デルタ航空ではA330-900を導入して日本路線にも投入している。

■ 成田空港での整備作業

成田空港のデルタ航空整備拠点「Delta TechOps」で整備を受けるA330-900（neo）の新造機。仏トゥールーズのエアバス工場で引き渡されたあと成田空港に直接飛来し、Wi-Fiアンテナの装着など就航に備えた整備を行った。TechOpsではこうした自社機だけでなく他社から委託された整備・修理事業（MRO）も行っている。

■ お話を伺った方

今回のA330neo撮影にご協力いただいたデルタ航空整備部のデイブ・ハム常務（右）と富塚智邦部長（左）。A330シリーズの特徴についても解説してくれた。

開発コンセプト
既存機の改良で新規開発機に対抗

　A330が初飛行したのは1992年のことだ。それから25年後に新しい技術を導入して作られた改良型がA330neo（new engine option）で、その名の通りエンジンを新しくしたほか、空力的な洗練などによって飛行あたりの燃料消費量を約12%削減。また座席数の増加によって、1席あたりの燃料消費量では14%削減した。

　ただしエアバスがA330の改良型を計画したのは、これが最初ではなかった。2004年に、ボーイング787に対抗すべくA330のエンジンと主翼を新しくしたモデルをA350として提案したのである。しかし航空会社の多くはより大きく斬新な新型機を要望し、まったく新しい設計のA350XWBが開発されることになった。

　一方で従来からA330を運航する航空会社を中心に、A330の改良型を望む声も根強くあった。もともとA330の評価は高く、A350XWBやボーイング787がローンチしたあとでも受注数を倍増させたほどだ。A350XWBの操縦資格はA330と共通化されていたが、コクピットのレイアウトはまるで違うものだし、予備パーツも共用できない。改良型では新規開発機に及ばない部分があるとしても、たとえば

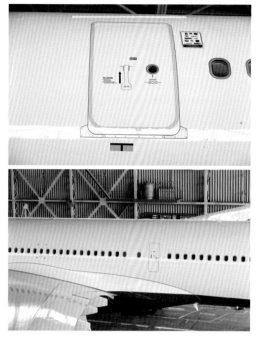

■ レドーム

在来機の多くは、機首のレドーム（内部に気象レーダーが入っている）表面に雷などの電気を逃がすための帯状のライトニングダイバーターストリップをつけている。しかし近年のエアバス機ではこれをレドーム内側につけるようにしているので、表面は凹凸のない滑らかさになっている。

■ 乗降ドア/非常口

非常口は片側に4か所ずつ（左右合計8か所）設けられているが、第3ドアのみ大型のタイプAではなく幅の狭いタイプIとなっている。いずれも緊急脱出用のスライドシュートを備えているが、タイプAが2名並んで脱出できるダブルレーンなのに対して、タイプIはシングルレーンとなっている。

■ APU

胴体後部にはAPU（補助動力装置）が内蔵されており、後端にはその排気口が開いている。APU運転時には四角く見える部分が開いて空気を取り入れる。その周辺を取り囲むように屋根のような形をした曲線は、雨天時の地上で胴体を伝わる水を逃がすフェンス（雨どいのような役割をはたす）だ。

航続距離が多少短くても長大路線を持たない航空会社には問題にならないだろう。もちろん新規開発機よりも開発費は安いし、高価な複合材料の比率が小さいから機体価格も安い。要は、燃費や性能がよくても高価な機体と、燃費はそこそこ（決して悪くはない）で割安な機体とではどちらがお得かということだ。

そこでエアバスは2014年にA330neoの開発を正式決定し、2018年には航空会社への引き渡しを開始した。以降、A330neoと区別するために在来型のA330はA330ceo（current engine option）と呼ばれることになった。またA330neoと機体規模が近いA350-800（A350XWBの最小モデル）は開発が中止された。ある意味では、A330neoには新設計機でも太刀打ちできないと、エアバス自らが判断したのだともいえる。

デルタ航空とA330
世界有数のA330オペレーター

世界最大の航空会社のひとつであるデルタ航空は、北米最大のA330オペレーターでもある。同社が運航するA330は、もともとは2010年に合併したノースウエスト航空から引き継がれた機体だ。ノースウエスト航空は

■ 床下貨物室

A330はLD-3コンテナを2列に搭載できる最小の胴体径に作られており、後方貨物室には14個、前方貨物室には18個のLD-3を搭載できる。ただし長距離便の場合には床下にクルーレストを設けるため、搭載できる貨物はやや少なくなる。取材機ではまだクルーレストがなかったが、これはアメリカで取り付けられるという。しかし天井部分にはメインデッキと結ぶハッチ（右写真）が備えられていた。

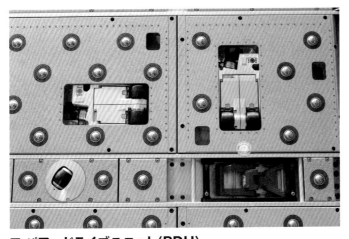

■ 灯火類

A330neoでは、機体内外の灯火／照明がLED化されている。家庭用機器の場合、白熱電球と同じソケットに電球型LEDをつけることができるが、旅客機用の照明はそれほど簡単なものではなく、配線などからやりなおす必要がある。つまり古い機体の改修時にも照明はそのままというものが多い。

■ パワードライブユニット（PDU）

床下貨物室には貨物を移動させるPDU（動力移動装置）と固定装置が並ぶ。銀色の四角い部分がPDUで、貨物を移動させる黒いローラー2つが並んでいる。従来はこのローラーが一体の大型のものだったが、A330neoで小型の2個セットのものに変更され、より確実に貨物が搬送できるようになった。

DC-10や747の後継機としてA330を32機運航していた。その運航実績からデルタ航空は10機のA330を追加導入し、さらに2014年にはA350と共に新型のA330neoも発注した。現在は主にA350をアトランタやデトロイト〜羽田線のような超長距離路線に、それよりもやや小型で航続距離も短いA330neoをシアトル、ロサンゼルス、ミネアポリス〜羽田線に投入している。

またデルタ航空は成田空港に整備拠点である「デルタ・テクニカルオペレーションセンター（Delta TechOps）」を構えており、トゥールーズで引き渡された新造機にWi-Fiアンテナを装備するなど就航前の最終整備も行っている。今回撮影したのもそんな就航前の機体であり、整備部のデイブ・ハム常務

■ 高揚力装置

高揚力装置は基本的にはA330ceoと同じ構成で内側がダブルスロッテッド式、外側がシングルスロッテッド式、前縁がスラットだが、フラップの作動機構やそれを収めたフェアリングは小さくなっている。また最も胴体寄りのスラットや翼胴結合部のフェアリング形状も変更されている。

■ 主翼

主翼は翼端がウイングレットからシャークレットに変更されてスパンも大きくなっているが、基本的にはA330ceoと同じである。大きく下がっているのはエルロンで、2枚に分割されているがボーイング機のように全速度用と低速用というように速度で分けられているわけではない。

■ シャークレット

従来のウイングレットに比べ、捻りが加わり曲線的な形状となった翼端のシャークレット。A330neoとA330ceoを見分ける際に最もわかりやすい差異の一つともなっている。

と富塚智邦部長に話もうかがうことができた。

機体サイズ
A330ceoと同じ長さだが座席数は増加

　A330neoには、胴体の長さに応じてA330-800（全長58.8m）とA330-900（63.7m）という2つのモデルがあり、それぞれ在来型のA330-200やA330-300に相当する。全長は変わらないが、キャビンレイアウトの見直しによって、A330-800はA330-200よりも6席多く設置でき（最大406席）、A330-900はA330-300よりも10席多く設置できる（最大440席）。デルタ航空のA330neo（A330-900）の場合

は4クラス合計281席だ。

　エアバスによればA330ceoとA330neoの部品は95%が共通だから、A330ceoを運航していた航空会社にはメリットが大きい。どうせならばこの機会にいろいろ新しくすればいいのにと思わないでもないが、新しくした部分はすべて試験して認定を受けなおさなけ

■ 尾翼

A330neoの胴体や主翼の主材料は従来通りのアルミ合金だが、A330 ceoの頃から垂直尾翼と水平尾翼についてはCFRP（炭素繊維強化プラスチック）で作られている。垂直尾翼自体の高さは8.3m、水平尾翼のスパンは19.4mで、水平尾翼内にはトリム用の燃料タンクが設けられている。

ればならず、それだけ開発期間や開発費、ひいては機体価格を高騰させる。航空会社としては、できるだけ変えないで性能や経済性、快適性（つまり競争力）を高めることができるならばそれに越したことはない。

胴体直径も5.64mでA330ceoと同じだが、これはエアバスの第一作であるA300の胴体径をそのまま引き継いだものでもある。ただし全長はA300の53.6mよりも長く、初期のA300で最大345席だった座席数は、A330-900では約100席も増加している。

翼と高揚力装置
ジェット旅客機としては最大級のアスペクト比

A330ceoは、A300の大型化と長距離化を目的に開発された。主翼が完全に新設計されたのは大型化に対応するという理由もあるが、石油ショック以前に開発されたA300よりもさらにシビアな経済性が求められたからだ。とりわけ印象的なのは巡航中の抵抗に影響するアスペクト比（縦横比）の大きさで、A300では7.7だったものがA330ceoでは10.6に達し、さらに翼端にはウイングレットが装備された。これはほぼ同世代の777-200/-300の8.68と比べても、また新しい787の9.59と比べてもさらに大きく効率がよい。

A330neoの主翼も基本的にはA330ceoと同じだが、翼端部分はウイングレットからA350に似たシャークレットに変更され、全幅は60.3mから64.0mに拡大、アスペクト比は11に達した。ちなみにシャークレットは軽量

エンジン　Engine

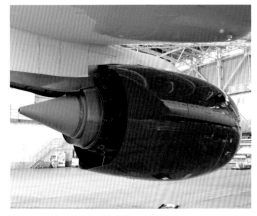

■ トレント7000エンジン

デルタ航空はA330ceoにP&WのPW4000とGEのCF6-80E1エンジンを装備していたが、A330neoにはRRトレント7000のみが用意されている。A330ceoで使われていたトレント700と比べると推力は増大しているが、燃費は約11%改善され騒音は約半分に軽減されている。なお通常はフルパワーを出す必要はないため、推力の増加は「より大きなゆとり」として信頼性や耐久性の向上に結びついている。

■ ファン

ファン直径はトレント700の2.45mから2.85mに拡大し、バイパス比も5から10に増えた。複雑な曲面の幅広のファンは中空のチタン製だ。また機内で使用する電力の増加に対応して、エンジンに装備された発電機の能力も向上している。

■ ラムエアタービン格納部

エンジン片発停止時に展開するRAT（ラムエアタービン）は、右翼のフラップ作動機構を収めたフェアリング内に格納されている（赤線で囲まれた部分）。

な複合材料で作られているため、翼幅を延長したことによる重量超過はわずかですんでいる。

高揚力装置は基本的にはA330ceoと同じだが、最も胴体寄りのスラットや翼胴結合部のフェアリング形状を変更すると共に、フラップの作動機構やそれを収めたフェアリングを小さなものに改めている。

エンジンとランディングギア
バイパス比は2倍となり騒音は半分に

A330ceoには大手3社のエンジンが用意されたが、A330neoのエンジンはロールスロイス（RR）トレント7000のみとなっている。これは787-10に装備されているトレント1000TEN

をベースにしたエンジンで、キャビンの与圧などに使うブリードエア（抽気）システムが付加されているのが大きな違いだ。

A330ceoに装備されていたトレント700と比べるとファン直径は2.47mから2.85mに拡大し、バイパス比は5から10へと倍増。直径が大きくなることで空気抵抗は増えて重量も増したが、それでも燃料消費量は11%改善。また騒音は10db低くなった。これは人間の感覚としては、うるささが約半分になったのに相当する。

エンジン直径が大きくなったためパイロンの形状も変更され、従来よりも高い位置に吊るようになっている。このように大きなエンジンを主翼の前に吊ると、とりわけ離着陸時には主翼まわりの気流に悪影響が出るため、ナセルには高迎角時に渦を発生するフィン（チャイン）がつけられている。

ランディングギアはA330ceoと同じ構成だが、最大離陸重量が242tから251tに増加したのに対応して、強度とブレーキ能力が高められている。ちなみにA330ceoには四発エンジンの姉妹機A340があるが、こちらは最大離陸重量が約275t（A340-200/-300）

ランディングギア Landing gear

■ メインギア

メインギアのストラットは斜めに傾いているが、これは機首上げの姿勢で着陸の衝撃をまっすぐに受け止めるためだ。A330neoでは最大離陸重量の増加にあわせて強度やブレーキが強化されているが、基本的にはA330ceoと同じ構成である。各車輪にはマルチディスクブレーキが備えられており、ホイールの内側にはそのためのシリンダーが並んでいる。

■ ノーズギア

A330neoのランディングギアは仏サフラン社で作られている。ノーズギアにはステアリング装置やタキシーライトがつくが、これもLED化しているだけでなくひとつのライトで照射角を広げているために従来あったターンライトが不要になっている。黄色く点灯しているランプはパーキングブレーキの表示灯。

姉妹機である四発のA340は機体重量が大きいために胴体中央にもランディングギアを装備していたが、A330にはない。ただしセンターギアを格納する部分などは、そのまま残されているという。

もあるためにセンターギアを追加して路面への荷重を分散している。A330にはセンターギアを装備するオプションはないが、胴体の格納スペースはそのまま残されているという。

キャビン
ワイドボディ最小径ならではの快適さ

A330の胴体はA300時代から変わらず直径5.64mの円断面で、床下貨物室にLD-3コンテナを2列搭載できるぎりぎりの細さにして空気抵抗を小さくしている。A300/A330がいかにぎりぎりを追求したかは、胴体が細くなっていく後部でも床下貨物室スペースを確保するために床を高く傾斜させているほどだ。外観からでも、第3ドアより後方の窓の並びが斜めになっているのがわかるだろう。

■ デルタ・ワン スイート

最前方に29席が装備されている「デルタ・ワン スイート」（ビジネスクラス）は180度リクライニング可能なフルフラットシートだ。パーティションで仕切られているうえにドアを閉めることもできるので個室感覚で過ごすことができる。

■ エコノミークラス

エコノミークラスには通常のメインキャビン（168席）と足元が広いデルタ・コンフォートプラス（56席）とがあり、コンフォートプラスは足元をやや広くしている。シートにも一部赤色をあしらうことで区別している。

■ デルタ・プレミアムセレクト

28席が装備されているデルタ・プレミアムセレクト（プレミアムエコノミークラス）。47cmというシート幅はエコノミーシートより1cm広いだけだが、一列少ない2+3+2席配置として隣席との間隔を広げているので数値以上に快適である。

■ エアスペースキャビン

デルタ航空のA330neoはエアバスの新内装「エアスペースキャビン」を採用しており、機内照明がカラーLED化されたほか、オーバーヘッドビンの収容力が66％大きくなっている。なおエアバス機共通の仕様としてオーバーヘッドビンの内部の仕切りを減らすことで長尺荷物も収納することができる。

ではキャビンが窮屈かといえば決してそんなことはなく、エコノミークラスで横8席（2+4+2席）となるシート1席あたりの幅は横9席の787や横10席の777よりも広く、どの席からでも最大1名の前を通れば通路に出られるという快適さもある。またA330neoではインテリアや機内照明が新しくなり、オーバーヘッドビンの収容力も66％増えた。

一方で長距離路線に不可欠なクルーレスト（仮眠室）は、他のワイドボディ旅客機のように天井裏に設ける余裕がない。そこで床下貨物室に着脱可能なコンテナ型クルーレストを搭載し、キャビンからアクセスできるようにしている。搭載できる貨物の量は少なくなって

■ ラバトリー

ラバトリーは8か所あり、うち1か所は車椅子に対応してドアを広く開けることができるようになっている。また新型コロナウイルス感染症の流行に対応して、非接触でも水が出る蛇口が装備されるようになった。

■ ギャレー

ギャレーは1番ドア付近と2番ドア付近、そして最後部の3か所に設置されている。最前方のギャレーにはエスプレッソマシン（スターバックスの豆を使用）とワインオープナーが設置されている（下写真）。機内食を加熱するためのオーブンは、すべてスチームタイプとなっている。

■ 非常口

ドアは幅の広いタイプAと狭いタイプI（第3ドアのみ）とがあるが、いずれも開閉方法は基本的には同じで、外側の前方に向けてスライドするように開く。スライドシュートはドア下部のふくらみの中に格納されており、緊急脱出時にはドアを開くと自動的に展開する。非常口を示すサインは従来の英語（EXIT）からピクトグラムに変更されている。これは787/A350以降の旅客機の流れだが、デルタ航空ではそれ以前の旅客機についてもすべてピクトグラムに変更した。

しまうが、クルーレストが必要ない場合には取り外すこともできる。

コクピット
A330ceoと同じコクピットにA350の新機能を導入

　A330neoのコクピットはA330ceoと基本的に同じであり、さらにいえば1987年に初飛行したA320とほぼ同じである。A320は旅客機としては初めてプロテクション機能を備えたデジタルFBW（フライ・バイ・ワイヤ）操縦システムを採用した。それまでの旅客機では、パイロットは機体の大きさや特性に応じてコントロールホイールの操作を加減する必要があったが、A320のサイドスティックはコンピューターに機体の姿勢を指示するためのスイッチのようなものだから、機体の大きさが違ってもパイロットが力加減などを調整する必要はない。また

■ コクピット

コクピットは、たとえ航空関係者であってもA330neoとA330ceoを識別するのはむずかしいだろうというほど同じである。強いていえばオーバーヘッドパネルに新しい装置のスイッチが追加されていることや、飛行中ならば新機能に対応したメッセージやシンボルが見られることくらいだろうか。ちなみにA330neoには外を見たままでも飛行情報を確認できるヘッド・アップ・ディスプレイ（HUD）もオプションで用意されているが、A330ceoとの共通性を重視するためか採用した航空会社はほとんどない。

システムの多くも自動化されているから、やはり機種による操作の違いはほとんどない（どんな機種であっても、基本的にはすべて「AUTO」にセットすればいい）。そこでエアバスはA320のコクピットを標準仕様として、より大型のA330にもほぼそのまま流用したのである。

その後、さらに大きなA380やA350ではディスプレイの大きさや数が変更されて新しい機能も追加されたが、サイドスティックを使った操縦方法や基本手順（プロシージャー）は統一されている。一見、まるで違う印象のコクピットを備えたA350にA330と共通の操縦

資格が認められたのもそのためである。A330neoも新しいA350と同じコクピットにしても問題はなかったはずだが、エアバスはA330ceoと同じコクピットとして、A330ファミリーとしての共通性をより重視した。

ただし見かけはA330ceoと同じでも、A330neoにはA350から導入された新機能も盛り込まれており、21世紀にふさわしい旅客機になっている。イメージとしては、スマホを新しくして、さらに便利なアプリを追加したようなもので、見かけも使い方もほぼ同じだが、新しい機能はしっかりと使えるようになっているのである。

※セキュリティーの関係上、今回はコクピットの撮影ができなかったため、ここで掲載したコクピット内の写真は別の機会に撮影した他社機材のもの。

■ 操縦装置とディスプレイ

操縦装置はエアバス機の標準装備であるサイドスティックだ。コントロールホイールと同じく前後動でピッチ、左右でロールをコントロールするが、基本的には姿勢を変えたいときだけ操作し、あとは手を放しておく。主ディスプレイはパイロットの正面が速度や姿勢、高度やオートパイロットのモードなどを示すPFD、その内側が現在位置やコースなどを表示するND、中央はエンジンや注意情報などを表示するECAM（上）と、システム関係の情報を表示するMFD（下）だ。さらに外側にはEFB（電子フライトバッグ）を固定するためのマウントがある。

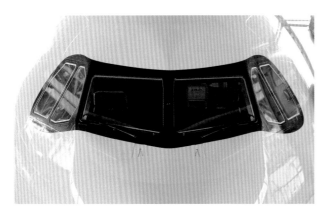

■ コクピット窓

コクピットの窓にはすべて平面ガラスが使われている。側面の第2窓は開くことができ、パイロットの緊急脱出口として使われるほか、ウインドシールド（正面窓）が汚れたときなどの掃除も簡単だ。またウインドシールド用にはワイパーのほか、ウインドウォッシャーも装備されている。

■ コクピット窓周囲の塗装

コクピットの窓の周囲はA350と同じように黒くペイントされている。エアバスはA350の黒ペイントを「デザイン上のアクセントであり技術的には意味はない」と説明しており、現にANAのA320neoのように不採用の例もある。しかしデルタ航空では反射防止の効果もあるとして黒くペイントしている。

Airbus

双発と４発のワイドボディ姉妹機
エアバスA330&A340
派生型オールガイド

時代の先端を行くハイテク技術を導入

アメリカ製ジェット旅客機の寡占状態となっていた1970年に
欧州の主要航空機メーカーの共同事業体として発足したエアバス・インダストリー。
最初に開発された双発ワイドボディ機のA300は商業的に苦戦したが、
1981年にローンチした双発ナローボディ機のA320は、民間旅客機として初めて
デジタル式のFBW（Fly By Wire）操縦システムを採用するなど
大胆に先端技術を取り入れたことからヒット作となった。
このA320のシステムにA300/A310の胴体を組み合わせ、
中・長距離用のワイドボディ機として開発されたのがA330/A340ファミリーだ。

文=久保真人

Charlie FURUSHO

エアバス**A330**

A300に次いでエアバス2機種目のワイドボディ双発機となったのがA330。洋上飛行などを伴う双発機の長距離運航に関する制約（ETOPS）が現在ほど緩和されていなかった1980〜90年代、必然的に長距離国際線の主役は3〜4発機であったため、主に中距離用の旅客機として開発されたのが双発のA330である。中距離機といっても性能的には長距離飛行にも対応可能であることから、ETOPSの緩和に伴って徐々に活躍範囲を広げ、「双発機全盛時代」の一翼を担う存在となった。現在はエンジンを換装するなどした次世代型のA330neoも登場し、A330は新たな発展段階に突入している。

A330 Specifications

	A330-200	A330-200F	A330-300
全幅	60.30 m	←	←
全長	58.82 m	←	63.66 m
全高	17.39 m	←	16.79 m
翼面積	361.6㎡	←	←
エンジンタイプ*	PW4170(31,751kg) CF6-80E1A4(31,085kg) Trent772-60(32,250kg)	PW4170(31,751kg) Trent772-60(32,250kg)	PW4170(31,751kg) CF6-80E1A4(31,085kg) Trent772B(32,250kg)
最大離陸重量**	251,000kg	233,000kg	242,000kg
最大着陸重量**	186,000kg	187,000kg	187,000kg
零燃料重量**	176,000kg	178,000kg	175,000kg
燃料搭載量**	139,090ℓ	97,530ℓ	139,090ℓ
最大巡航速度	M0.86	←	←
航続距離**	15,094km	7,400km***	11,750km
標準座席数	220-260	—	250-290
初就航年	1998	2010	1994

	A330-800	A330-900
全幅	64.00 m	←
全長	58.82 m	63.66 m
全高	17.39 m	16.79 m
翼面積	n/a	n/a
エンジンタイプ*	Trent7000-72(33,039kg)	Trent7000-72(33,039kg)
最大離陸重量**	251,000kg	←
最大着陸重量**	186,000kg	191,000kg
零燃料重量**	176,000kg	181,00kg
燃料搭載量**	139,090ℓ	←
最大巡航速度	M0.86	←
航続距離**	15,094km	13,334 km
標準座席数	220-260	260-300
初就航年	2020	2018

*代表的なエンジンタイプ
**現在の生産機もしくは生産末期の諸元
***ペイロード61t

A330-300
中距離用機材から 性能向上で長距離用機材に

エアバスは1980年代後半、1980年にA320としてローンチしたSA（Single Aisle）シリーズで確立したFBW操縦システムを活かした新しいワイドボディ中型機の構想を持っていた。当時の双発機はまだボーイング767とA310がようやく120分ETOPSの承認を得たばかりの時代で、中距離用の新機種は経済性の高い双発機TA（Twin Aisle）9と

Airbus

A330-300

TA12、長時間の洋上飛行が強いられる長距離用の新機種はルートに制約がない4発機のTA11として計画した。

この計画はA300と同じ胴体と機首デザインを使用し、新設計の主翼、尾翼、主脚、操縦システム、コクピットなどを共通化することとし、違いはエンジンの数とそれに関わる構造およびシステムだけとなった。1987年6月5日には双発機をA330、4発機をA340として同時にローンチし、開発はまず747の独壇場となっていた長距離用のA340を先行して進めることになった。カレントモデルであるA300-600R/A310のマーケットと重なるA330は、A340の開発で得たノウハウを取り入れて開発していくことになった。

胴体は直径5.64m、内径5.26mのA300/A310と同じで、エコノミークラスでは2-4-2の横8列を基本にしている。キャビン設備はA300-600/A310をアップデートしており、ハンドレール付きの大型ストウェージビンや最新のIFEを採用。床下貨物室にはLD3コンテナを最大33台搭載できる。コクピットはA320と同様に6面のCRTディスプレイを中心としたデザインで、パイロットはサイドスティック操縦桿やペダルにより操縦操作を行う。

最初に開発されたA330-300は4発機A340-300の外側エンジンが無い双発バージョンで、エンジンは64,000～72,000lbf級のゼネラル・エレクトリックのCF6-80E1、プラット＆ホイットニーのPW4164、ロールスロイスのTrent700からの選択制となった。初号機はCF6-80E42を装備し、1992年11月2日に初飛行した。1993年10月21日にJAA（Joint Aviation Authorities、欧州の統合航空当局。その機能は2008年にEASAに引き継がれている）とFAAの型式証明を取得した。

続いてPW4164装備機が1994年6月2日に、Trent772-60装備機が1994年12月22日に型式証明を取得した。1993年12月30日にはCF6-80E1A2を装備したMSN（Manufacturer's Serial Number、A340と通し番号）37（F-GMDB）がエールアンテールに引き渡され、1994年1月17日に初就航した。

なお、エアバスは装備エンジンによりサブタイプの2桁と1桁を区別しており、A330-300ではCF6装備機がA330-301～303、PW4000装備機がA330-321～323、Trent700装備機がA330-341～343となる。

A330-300はDC-10やL-1011を運航していた東南アジアや欧州のエアラインを中心に導入が進み、キャセイパシフィック航空やタイ国際航空、ガルーダ・インドネシア航空などが日本路線にも投入するようになった。

エンジンの信頼性と推力の向上が進むと最大離陸重量の増加により航続距離は初期型の8,800km級から徐々に延伸し、1995年以降は10,000kmを超えるA330-300Xと言われるタイプも生産されるようになった。A330-300は就航後の1995年2月にまずCF6-80E1A2装備モデルがJAAの180分ETOPSの承認を得たこともあり、A340で運航していた大陸間路線でもほぼ制約のない運航が行えるようになった。2009年10月には世界で初めて240分ETOPSの承認を得たことで、双発機であることによる運航制限は実質的になくなったことになる。

現在は72,000lbf級のエンジンを得たことで双発機ならではの経済性に加え、燃料搭載量を139,090リットルに増加して最大離陸重量を235,000kgから242,000kgに引き上

A330-200

げた航続距離11,750kmのモデルも生産されている。このような背景もあり、フィンランド航空やターキッシュ エアラインズは日本路線をA340から徐々にA330に変更し、ノースウエスト航空もDC-10の後継機としてA330を太平洋路線に就航させるなど、長距離路線での活躍が目立つようになった。

日本ではスカイマークが唯一A330-300を導入している。2014年6月14日にTrent 772B-60装備のMSN1483（JA330A）が羽田～福岡線に就航し、10機をリース導入することになっていたが、A380の購入契約解消の違約金やA330の運航コスト増による収益の低下が深刻になり、同社は2015年1月28日に倒産してしまう。この結果、機材を737-800に統一して再建を目差すことになり、A330は運航開始からわずか半年後の2015年1月31日で運航を終了し、導入されていた5機はすべてリース会社に返却されている。以降、日本でA330を導入したエアラインはない。

世界的には初期の機体は3発ワイドボディ機、2010年頃からは767や姉妹機A340の代替需要もありコンスタントに受注を集めており、2023年4月現在で776機が引き渡されている。

A330-200
長距離路線用の胴体短縮型

経済性の高い双発機の需要は中距離路線に留まらず、大陸間を結ぶ長距離路線でも徐々に増えていった。エアバスは重量増加を続けて航続距離を延ばしてきたA330-300よりさらに長距離運航が可能な双発機としてA330-300の胴体を主翼前後で短縮して（全長は4.84m短い）軽量化するとともに、燃料タンク容量を増加させてA330-300重量増加型と同様の139,090リットルを標準とし、

航続距離を11,950kmまで延ばしたA330-200を計画した。

胴体短縮により重心から水平尾翼の基準点が変わったため垂直尾翼を1.04m高くすることで対応している。エンジンはA330-300と同じ3社からの選択制で、それぞれ推力増強型が採用された。標準座席数はA300-300より30席程度少なくなり220～260席に、床下貨物室の搭載能力はLD-3コンテナ27台となった。

A330-200は1995月11月24日にローンチして初号機はPW4168Aエンジンを装備し、1997年8月13日に初飛行した。続いてCF6-80E1A4装備機、Trent772B-60装備機が初飛行し、まずCF6装備型が1998年3月31日にJAAとFAAの型式証明を取得してMSN211（C-GGWB）がカナダ3000に引き渡されて1998年4月に初就航した。

A330-200は改良を進め、重量増加オプションを導入したA330-200では航続距離は15,094kmまで延びている。この結果、一般的には受注数が少なくなる胴体短縮型にも関わらず、軍用型のA330-200MRTTを除いても2023年4月現在で654機が引き渡されている。

A330-200F
A300F4-600Rに代わる
中型貨物専用機

エアバスは2007年に純貨物型であるA300F4-600の生産を終了したが、2007年

Charlie FURUSHO

A330-200F

1月にその後継機としてA330-200をベースにしたA330-200Fの開発を決定した。これによりエアバスのラインナップに貨物専用機が残ることになった。A330-200FはDC-10FやMD-11Fの後継機需要に応えた次世代の中型フレイターで、大型フレイターと比較してトン当たりの運航コストを最大35%削減できる低燃費、低排出ガス、低騒音など環境に配慮したモデルとしている。

　機体のサイズは旅客型のA330-200と同じで、L1ドア後方にA300F4-600と同サイズの大型貨物ドアを備えている。主デッキ床面は強化されて貨物降搭載用のローラーなどが敷かれ、客室用の窓をなくすなどの変更を行っている。

　主デッキにPAGパレット（奥行き3.18×幅2.24×高さ1.62m）なら最大22枚の搭載が可能で、下部貨物室は前方と後方を合わせてLD-3コンテナなら最大26台が搭載可能になっている。最大ペイロードは61tになる。

　エンジンは70,000～72,000lbf級のPW4170もしくはTrent772-60を装備し（旅客型で選択可能なCF6-80E1A装備機は生産されていない）、最大離陸重量は233,000kg、航続距離は7,400kmとなる。

　A330-200Fの外観で最も特徴的な部分は前脚部分の膨らみだろう。A330はA300と同じ前脚と脚柱の長い新設計の主脚との組み合わせになったため、地上では機首部が下がった前のめりの接地スタイルになっている。しかし貨物型では貨物の積み降ろしの

ために地上では主デッキを水平にすることが理想で、A330-200Fでは前脚の取り付け部を低い位置に変更して水平にする手法が採られた。このため格納した前脚を覆うフェアリングが必要となった。

　A330-200Fの初号機はTrent772B-60を装備して2009年11月5日に初飛行し、2010年4月9日にEASAの型式証明を取得した。初引き渡しは2010年7月20日で、エティハド航空がTrent772B-60を装備したMSN1032（A6-DCA）を受領した。

　2023年4月の段階で38機が引き渡されている。

A330neo（A330-800/-900）
新技術を導入してリニューアル

　エアバスは2005年10月にA330の発展型としてA350をローンチした。しかし、すでに開発が進められていた同サイズのボーイング787に比べると新しい技術の導入や斬新さに劣ることから発注エアラインから機体計画の改善を求められてしまった。そこでエアバスは2006年12月に改めてA350XWBとして再ローンチしている。このモデルが現在JALなど世界の大手エアラインが導入を進めている300～400席級のA350-900/-1000だ。

　一方でエアバスは、A350よりもやや小さくロングセラーとなったA330のリニューアルを計画し、ボーイング787世代ともいえる次世代型エンジンを装備したA330neo（neo＝New Engine Option）を2014年7月14日にファンボロー航空ショーで発表した。

　A330neoはA350の初期計画を具現化したようなモデルで、主翼を延長するなどの設計変更を行い、翼端のウイングレットを新デザインのシャークレットに変更して空力を改善した。エンジンはA350XWBで採用さ

れたロールスロイスのTrent XWBの技術を取り入れた72,000lbf級のTrent7000一択で、燃料消費量を25%改善することを目差した。

コクピットはA300-200/-300のデザインを踏襲しており、キャビンはギャレーとラバトリーの配置を効率的に見直した「エアスペース」を採用して座席数を10席程度増やすとともに、容量の大きい新デザインのストウェージビンとLED照明を採用している。

まずA330-300と同サイズのA330-900が2017年10月19日に初飛行し、2018年9月26日にEASAの型式証明を取得した。初就航はMSN1836（CS-TUB）で、2018年12月15日のTAPポルトガル航空のリスボン～マイアミ線だった。

A330-200と同サイズのA330-800は2018年11月6日に初飛行して2020年2月13日にEASAとFAAの型式証明を取得した。初引き渡しは2020年10月29日で、MSN1964（9K-APF）とMSN1969（9K-APG）がクウェート航空に引き渡された。

A330neoは2023年4月現在でA330-900が92機、A330-800が7機引き渡されている。

A330P2F
貨物需要の拡大に対応する改修機

エアバスは2012年3月にA330旅客型を貨物型に転換するP2F（Passenger to Freighter）プログラムを発表した。改修はドレスデンのエアバスとの合弁会社であるEFW（エルベ・フルクツァクベルケ）とシンガポールのSTエアロスペースが指定した世界9か所の工場で実施され、L1ドア後方に大型貨物ドアを増設して、主デッキの床面強化や客室用の窓をなくすなどの改修を行っている。貨物専用機として生産されたA330

A330-800neo

A330-900neo

-200Fは、地上で主デッキが水平になるように前脚の設置位置を下方に移動したため、前脚部の収納部分にフェアリングを設けたが、P2Fの前脚は旅客型時代と同じ位置のままで変更は行っていない。このため主デッキに貨物を搭載する際は登り坂となるため、動力付きの貨物降搭載用ローラーを採用している。

A330-300ベースのP2Fは最大ペイロード62t、最大離陸重量は233,000kgで航続距離は6,780kmとなる。2017年11月にEASAの補足型式証明書を得て、改修初号機MSN116（EI-HEA）が同年12月1日にDHLヨーロピアン・エア・トランスポートに引き渡された。2018年6月にはA330-200P2Fの改修初号機MSN610（SU-GCF）がエジプト航空に引き渡された。

A330-700L ベルーガXL
エアバス機生産に欠かせない
三代目大型特殊輸送機

エアバスは欧州各地で生産された大型コ

A330P2F

ンポーネントを最終組立工場のトゥールーズやハンブルクに輸送するために専用の輸送機を運航してきた。初代はC-97改修のスーパーグッピー、続いてA300-600ベースのA300-600STベルーガの運航を行ってきた。この貨物輸送機の後継機として開発されたのがTrent772B-60（71,000lbf）装備のA330-200Fをベースに開発されたA330-700LベルーガXLで、初号機は2018年7月19日に初飛行した。2020年1月9日にエアバス・トランスポートで運航を開始しており、5機が生産さ

Beluga XL

A330MRTT

れている。

　A300-600STベルーガと同様に主デッキに容積を30％拡大した円筒型の貨物室を設けて、貨物室前方に上開き式の大型貨物ドアを備えている。これによりA350の主翼などの輸送を可能にしている。ペイロードは50.5t、最大離陸重量は227,000kg、最大ペイロードでの航続距離は4,300kmとなる。

A330MRTT
民間型ベースのマルチロールタンカー

　エアバスの子会社であるエアバス・ディフェンス・アンド・スペースは4発ターボプロップ機の大型輸送機A400Mや戦闘機ユーロファイター・タイフーン、双発ターボプロップ戦術輸送機C295に加え、A330-200を母機にした空中給油・輸送機A330MRTTの生産も行っている。

　A340では外側のエンジンが装着される部分の翼下にプローブアンドドローグ方式の給油ポッドを装備するとともに、胴体尾部下にフライングブーム方式のブームを備えている。これによりユーロファイター、トーネード、ジャギュア、F/A-18ホーネット、F-16、F-35Aなど多様な航空機に燃料を補給することができる。

　主デッキにはエコノミークラス仕様で最大300人を収容することが可能で、最大ペイロードは45t、航続距離はフェリー時で12,500kmとなる。

　2007年6月15日に初号機が初飛行。初号機MSN747（A39-001）は2011年6月1日にローンチカスタマーのオーストラリア空軍にKC-30Aとして引き渡された。その後、NATO、フランス、英国、オランダ、サウジアラビア、UAE、シンガポール、韓国が導入しており、2023年4月現在で68機を受注して56機が引き渡されている。

エアバス**A340**

エアバス初の4発機として誕生したA340は主に長距離国際線での運用を想定して開発された機体。初期型のA340-200/-300は、エンジンの数以外はA330とほぼ同じ構造とシステムを持つ姉妹機だったが、後に胴体を延長して世界最長サイズ（当時）の旅客機となったA340-600や世界最長の航続能力（当時）を有する超長距離機となったA340-500もファミリーに加えることになった。しかし、双発機の性能と信頼性が向上したことで燃費や整備費の面で効率性に劣る4発機は次第にマーケットで苦戦を強いられるようになり、A330とは対照的にneo化（次世代化）が行われることなく製造が終了することになった。

A340 Specifications

	A340-200	A340-300	A340-500	A340-600
全幅	60.30 m	←	63.45m	←
全長	59.40m	63.69m	67.93m	75.36m
全高	16.80m	←	17.53m	17.93m
翼面積	361.6㎡	←	437.3㎡	←
エンジンタイプ（推力）*	CFM56-5C4 (15,300kg)	CFM56-5C4/P (15,300kg)	Trent553 (25,200kg)	Trent556 (27,000kg)
最大離陸重量**	275,000kg	276,500kg	380,000kg	380,000kg
最大着陸重量**	180,000kg	192,000kg	246,000kg	265,000kg
零燃料重量**	169,000kg	183,000kg	232,000kg	251,000kg
燃料搭載量**	155,040ℓ	147,850ℓ	222,850ℓ	204,500ℓ
最大巡航速度	M0.86	←	←	←
航続距離**	12,400km	13,500km	16,670km	14,450km
標準座席数	210-250	250-290	270-310	320-370
初就航年	1993	1993	2003	2002

*代表的なエンジンタイプ　**生産末期の諸元

Charlie FURUSHO

第二世代として長胴型と超長距離型も開発

A340-200

A340-200
エアバス初の長距離用4発機

1987年6月5日、エアバスは中距離用双発機A330と同時に長距離用4発機A340をローンチした。まずA340の開発を先行し、続いてA330の開発を行うスケジュールで、A340はA320で確立されたFBW操縦システムをワイドボディ機に取り入れた最初の機種となった。

FBW操縦システムはコクピットと動翼アクチュエーター間に従来の航空機にあったようなメカニカルな機構がないので、コクピットには従来の航空機に見られたような操縦桿がなく、代わりにサイドスティックとよばれる小さなコントロール装置がついている。パイロットは、このサイドスティック操縦桿やペダルを使って操縦操作を行う。実際にはサイドスティックは物理的にワイヤやアクチュエーターにつながっているわけではないので、サイドスティックを操作するとコンピューターがそのモーメントを感知し、これを信号にしてアクチュエーターに伝えることによって動翼を動かす仕組みになっている。

A340はA320、A330と相互乗員資格制度によりパイロットの型式限定取得訓練の短縮が図られており、この3機種を導入したエアラインの訓練時間と訓練費などを抑制できることをセールスポイントの一つにしている。A330からA340への移行は3日、A320からA340へは7日の訓練で資格を得ることができる。

A330の項目でも触れたが、A300の胴体とA310の垂直尾翼に新設計の主翼を組み合わせ、双発機と4発機を並行して開発することでコストダウンを図っている。エンジンもA320で実績のあるCFMインターナショナルのCFM56シリーズのみの設定で、A340は推力32,000～34,000lbf級のCFM56-5Cを4基装備する。

A340-200の燃料タンクは主翼内と水平尾翼内に備え、初期型では138,600リットル、オプションの追加燃料タンクを貨物室に追加したタイプでは155,040リットルまで増えている。最大離陸重量は標準型で258,000kg、航続距離は12,400kmとなった。胴体と主翼を強化して後部貨物室に2つの燃料タンクを追加した重量増加オプションを採用したタイプ（開発時は航続距離が8,000nmになることからA340-8000といわれた）では、最大離陸重量275,000kgで航続距離は14,800kmまで延伸された。

開発は標準型となるA340-200と胴体の長いA340-300が同時に進められ、A340-200は2機が試験飛行に臨んだ。初飛行はA340-300よりも半年遅い1992年4月1日で、A340-300とともに1992年12月22日にJAA、1993年5月17日にFAAの型式証明を取得。1993年2月2日にCFM56-5C3を装備したMSN8（D-AIBA）がルフトハンザに引き渡されて、1993年3月15日のフランクフルト～ニューヨーク線で初就航した。

A340はA330と同様に装備エンジンによ

りサブタイプの2桁と1桁を区別しており、A340-200ではCFM56-5C2装備機がA340-211、CFM56-5C3装備機がA340-212、CFM56-5C4装備機がA340-213となる。この法則はA340-300も同様だが、後述するA340-500/-600はTrent500を装備するため2桁目は4となる（A340-541など）。

A340の受注は胴体の長いA340-300に集中し、A340-200は28機の生産にとどまり、最終号機は1997年11月27日にブルネイ政府に引き渡されたMSN204（V8-AC3）となった。

A340-300
中規模長距離路線の需要に対応

標準型のA340-200と同時に開発が進められた長胴型で、A330/A340の初号機を含む5機が試験飛行に投入された。初飛行はA340-200よりも早い1991年10月25日で、JAAの型式証明は1992年12月22日にA340-200と同時に取得した。1993年1月15日にCFM56-5C3/F装備のMSN7（F-GLZB）がエールフランスに引き渡され、1993年3月29日のパリ～ワシントンD.C.線で初就航した。

A340-300はA340-200の全長59.39m、標準座席数210～250席、床下貨物室のLD-3コンテナ搭載数27台に対して、全長63.65m、標準座席数250～190席、LD-3コンテナ33台に拡大されている。

初期型は最大離陸重量260,000kg、航続距離12,001kmで、この諸元はDC-10とL-1011の更新に最適な機材となり、ルフトハンザ、エールフランスに続いてターキッシュエアラインズ、SAS、キャセイパシフィック航空、エア・カナダなどが3発ワイドボディ機の後継機として導入を進めた。また、スイス航空は1990年12月に引き渡しを開始していたA340のライバル関係にあるMD-11の後継機として導入している。

日本では1991年3月にANAが中規模長距離路線用の機材としてA340-300を5機確定発注したが、国際線の需要が伸び悩んだことで導入を延期し、最終的には発注を国内線用のA320に切り替えたため導入は幻となった。

A340-300はA340-200と同様に34,000lbfまで推力が向上したエンジンを採用して重量増加を続けた。床下貨物室に燃料タンク増設などのオプションを採用したA330-300Xと言われる最終生産型では最大離陸重量276,500kg、航続距離は13,700kmまで延伸されて、航続距離の長さに重点を置いたA340-200に匹敵する長距離機となった。

しかし、ETOPSの延伸により双発機の長距離洋上飛行の制約がほぼなくなったことで、経済性の高いA330の受注が増える代わり

A340-300

Charlie FURUSHO

A340-600

にA340の受注数は減ることになった。さらに1997年にA340よりも経済性とキャパシティに勝る双発のボーイング777-200ERが就航するとA340を求めるエアラインは減り続け、A340-300は2005年6月13日にエア タヒチ ヌイに引き渡されたMSN668（F-OLOV）で生産を終了した。総生産数は218機。

A340-600
輸送力と航続距離を延ばした ウルトラストレッチ

　長距離路線での双発機の台頭によりA340-200/-300の商品力に陰りが見えてきたエアバスは、A340をさらに大型化して航続距離を延ばしてきたボーイング777の長距離型に対抗できる派生型A340-500とA340-600の開発を進めた。この派生型の計画は1997年のパリ航空ショーで発表され、同年12月8日にローンチした。

　開発はまず長胴型のA340-600を先行して進められた。A340-600はA340-300の胴体を主翼前後で9.07m延長して全長が10.6m長い75.30mとなり、当時としては最も全長の長い旅客機となった。標準座席数は320〜370席で、最大座席数は475席。床下貨物室にはLD-3コンテナを43台まで搭載できる。

　主翼はA340-200/-300より約1.6m延長するとともに、大型化したウイングレットを装着したことで全幅は3.15m長くなった。複合材を使用した垂直尾翼もA330-200で採用さ

れた天地が1.04m高いタイプに変更されている。重量増加により主脚間に追加された中央脚はA340-200/-300の2輪式から4輪ボギー式に強化された。

　エンジンは56,000〜62,000lbf級のTrent 500の一択で、サブタイプはA340-642〜643となった。最大離陸重量は276,500kg、航続距離は13,500kmとなる。

　初飛行は2001年4月23日で、2002年5月29日にJAAの型式証明を取得した。2002年7月22日にローンチカスタマーの1社となったヴァージン アトランティック航空にMSN383（G-VSHY）が引き渡され、8月1日のロンドン〜ニューヨーク線で初就航した。

　エアバスは引き渡しが開始されてからも改良を進め、A380で確立した新しい製造技術を用いるとともに、重量増加と燃料搭載量の増加、推力を向上させたTrent553-61を装備するなどの性能向上パッケージを導入した。これにより航続距離は14,450kmまで延伸した。

　また、胴体が長くなったため、床下貨物室にクルー用のレストバンクやギャレー、ラバトリーのモジュールを設置するオプションを設定している。

　A340-600はA340-300を導入していたルフトハンザ、エア・カナダなどが導入したが、経済性が777よりも劣ることなどでライバル関係にある777-300ERに受注が集まった。この結果、エアバスはA380の生産と2006年11月にローンチしたA350XWBの開発に注力することになり、2011年11月11日にA340の

生産終了を発表した。最終号機はMSN 1122（EC-LFS）で、2010年7月16日にイベリア航空に引き渡された。総生産数は107機。

A340-500
航続距離16,000km超の長距離機

A340-500はA340-300の胴体を2.13m延長し、全長はA340-600より7.43m短く、キャビン長は7.42m短くなった。このため標準座席数は270〜310席、モノクラスでの最大座席数は440席（A340-600は475席）、床下貨物室のLD-3コンテナ搭載数は、貨物室エリアに燃料タンクを増設したためA340-300より少ない31台になった。

A340-600と同様にTrent500を装備（サブタイプはA340-541〜542）して、燃料タンクを222,850リットルに拡大し、最大離陸重量は380,000kg、航続距離は16,070kmまで延長された。

開発は長胴型のA340-600に続いて進められ、A340-500の初号機は2002年2月11日に初飛行した。2002年12月3日にJAAの型式証明を取得してA340-600よりも約1年半遅れて2003年10月23日にMSN471（A6-ERB）がエミレーツ航空に引き渡された。その後、エア・カナダ、シンガポール航空、タイ

国際航空などが導入している。

A340-500は777-200LRが2006年3月に就航するまで世界最長の航続性能を有する旅客機となり、シンガポール航空は2004年2月にシンガポール〜ロサンゼルス線ノンストップ便（区間距離14,093km、飛行時間16〜18.5時間）の運航を開始した。さらに同年8月からはシンガポール〜ニューアーク線（区間距離16,093km、飛行時間18.5時間）もA340-500によりノンストップ化して世界最長路線の記録を更新した。この機材にはロングフライトに備えてビジネスクラス64席、エグゼクティブ・エコノミークラス117席の2クラス181席の特別な機内仕様が施された。

なお、このシンガポール〜ニューアーク線はシンガポール航空のA340-500の退役により2013年11月に休止となったが、2018年10月11日にA350-900ULR（Ultra Long Range）により再開された。キャビンはA340-500時代と同様にビジネスクラス67席、プレミアムエコノミー94席の2クラス161席の特別仕様で就航している。

A340-200と同様にシートマイルコストが高くなる胴体短縮型は受注が集まらず、MSN 1102（9K-GBB）が2010年12月7日にクウェート政府に引き渡されて生産を終えた。総生産数は34機。

Charlie FURUSHO
A340-500

同じ双発ワイドボディ機のボーイング767(手前)とエアバスA330(奥)。両機種の共通点は、前者がナローボディ機、後者が四発機というカテゴリーの異なる姉妹機を有していることだ。

広胴機(767)と狭胴機(757)
双発機(A330)と四発機(A340)
旅客機開発の常識を覆した
"異色の姉妹機"

ボーイング767と757、エアバスA330とA340は、
それぞれパイロットの操縦資格や機体構造などで高い共通性を持つ姉妹機である。
機種が違っても予備部品を共通化できたり、パイロットの移行訓練期間を短縮できたりと、
航空会社にさまざまなメリットをもたらす。
しかし、前者はワイドボディ機(広胴機)とナローボディ機(狭胴機)、
後者は双発機と四発機の組み合わせで、従来常識からすれば別のカテゴリーに属する旅客機。
近年、旅客機開発は性能向上だけでなく、
航空会社の経営に資する効率性の高さが追求されるようになっているが、
767/757とA330/A340という異色の姉妹機はこうしたトレンドの先駆者ともいえる存在だ。

文=阿施光南　写真=チャーリィ古庄(特記以外)

ナローボディ機の757と姉妹機である767。ただし、キャビンは2通路ながら通常のワイドボディ機よりはやや胴体断面が小さく、セミワイドボディ機と呼ばれることもある。

ボーイング757

727と同じ胴体断面を持つナローボディ機の757。767と同じコクピットを同じような視野を確保できる位置に取り付けたことで、ややアンバランスな"顔つき"を持つ機体となった。

同じコクピットを装備して
操縦資格の共通化を実現

　1970年代のボーイングには、707と747の間を埋める中型旅客機（767）のほかに、727の後継機を開発するという課題があった。727は1,800機以上という当時としては大ベストセラーの旅客機だったが、旧式エンジンを三発も装備するために燃費や騒音では時代遅れになりつつあったからだ。

　そこでボーイングは胴体をさらにストレッチして1席あたりのコストを引き下げたうえで改良型エンジンを装備する案を提示したが、その程度の経済性向上では航空会社は興味を示さなかった。727の改良型であればパイロットの資格や予備パーツを共通化できるというメリットはあるものの、より大型の767ですら双発の2名乗務にしようという時代に三発で3名乗務の727との共通性をアピールしても魅力がないのは当然である。そこでボーイングは胴体径だけは727と共通としたものの、それ以外は767のために開発された技術を使っ

た双発の757を新たに開発することになった。

　とりわけコクピットは767と同じといってよく、もちろん2名運航が可能であるだけでなく、パイロットの資格も共通化されている。現代では777と787、A330とA350など異なる旅客機で共通資格が認められるのは珍しくなくなっているが、当時としては画期的だった。ただし共通資格が認められるための要件は現在よりも厳しく、計器やレバーなどのハードウェアだけでなくコクピットからの視界などもできるだけ同じになるよう配慮された。757の機首に独特の雰囲気（不自然さと言ってもいい）があるのは、胴体の細い757に767のコクピットを強引に組み合わせたためで、757のコクピット床面は客室の床面よりも約16.8cm低くしなくてはならなかった。

　ちなみに757では胴体を短縮して150席程度にする案も検討されていたが、実現していればボーイングの小型旅客機は737ではなく757が主流になっていた可能性もある。757が受け継いだ727の胴体断面は737とも共通であるため、どちらでも乗客の快適性などには

エアバスA330

エアバスの主力ワイドボディ機となったA330だが、双発機には洋上飛行時などに制約があることから開発当初は短中距離路線向けで、長距離路線向けとしては四発機のA340が開発された。

エアバスA340

エンジンの数以外はA330とほぼ同じ機体構造を持つA340。A330に比べて最大離陸重量が重いことから、センターギアが装備されているのもA330との相違点だ。

A330とA340のコクピット 一見したところ違いが分かりにくいが、スラストレバーの数で見分けることができる。操縦資格に関して、両機種間の移行は極めて短期間の訓練で認められる。

違いはなかったはずだが、もし実現していたならば737のように大直径エンジンを搭載するのに苦労することはなかっただろう。

エンジンの数以外はほぼ同じ機体 ETOPS延長でA340は退場へ

　ユニークな姉妹機としては、A330-200/-300（ceo）とA340-200/-300も忘れてはならないだろう。これらは基本的には同じ飛行機でありながら、エンジンの数とランディングギアの数だけが違うという旅客機で、操縦や整備の資格、部品などに加えて製造ラインを共通化できるなど、航空会社とメーカーの双方にメリットをもたらす姉妹機だ。

　A330は双発で中距離用とされ、A340は四発で長距離用とされた。またA330のランディングギアは3本だったが、A340は胴体中央にセンターギアを追加しており、燃料を多く積んでの重い重量でも機体を支えられるようにした。

　ではA330の航続距離がA340よりも短かったかといえば、決してそんなことはない。とりわけ胴体の短いA330-200の航続距離は13,450kmもあって、これはほぼ同じ長さのA340-200の12,400kmよりも長いくらいなのだ。ただし双発機の場合、片方のエンジンが故障した場合には60分以内に着陸できる飛行場があるルートしか飛べないという制約がある。この制約は、ETOPS（双発機による長距離進出運航基準）を満たせば120分

あるいは180分というように緩和されるのだが、四発機にはもともとそうした制約がないのが強みである。いわば機体本来の性能ではなく、ただ双発機であるというだけで課される制約に対処するために、長距離機としてのA340をラインナップする必要があったのだ。

　ちなみにA340はセンターギアを装備することにより、最大離陸重量がA330よりも約30t重くなっている（A330-200の242tに対してA340-200は275t）が、搭載できる燃料の最大重量はいずれも約110t程度で大差ない。双発のA330はA340よりも燃費がいいので、同じだけの燃料を積めば同等以上の距離を飛べて不思議はない。ただし旅客機は燃料と乗客、貨物などをすべて満載すると最大離陸重量を超えてしまうから、最大航続距離を得るためには燃料を満載したうえでの余裕分しか乗客や貨物を積めないことになる。そこで最大離陸重量が大きいA340の方が余裕があるということなのだ。

　ただし、そこまでシビアではない路線（たとえば満席の乗客と貨物を積んでもさらに十分な燃料を積める余裕のある路線）ならば、A330の方が低コストで運航できるということになる。さらにA330はエンジンの数が少ないだけ整備の手間（費用と考えてもいい）や予備部品も少なくて済む。そのためETOPSが一般化して双発機の長距離運航の制約が緩和されると共に、A340は長距離路線からも追われていくことになったのである。

日本のエアラインに所属した
ボーイング767/787
エアバスA330全機リスト

国内・国際双方で活躍 総勢300機超の大勢力

国内線・国際線を問わず、日本のエアラインでも主力機の座を占めるようになった中型ワイドボディ機。
日本の航空機メーカーが製造に参画するボーイング767と787は
とりわけ導入機数が多く、今も数多くの機体が活躍を続ける。
中型ワイドボディ機のカテゴリーでは日本での存在感が薄い感が否めない
エアバス機だが、短期間ながらA330が活躍した時期もある。
これら3機種を合わせた日本在籍機の総数（退役機含む）は300機を超える大勢力だ。

写真=チャーリィ古庄、佐藤言夫、松広清

※新規登録の日付が古い順に掲載。写真は最終塗装（最新塗装）のものとは限らない。　※データは2023年5月末現在。

[登録記号]JA8479　[型式]Boeing767-281
[製造番号]22785　[最終運航会社]**全日本空輸**
[新規登録年月日]1983/04/26　[抹消登録年月日]1997/08/06

[登録記号]JA8480　[型式]Boeing767-281
[製造番号]22786　[最終運航会社]**全日本空輸**
[新規登録年月日]1983/05/18　[抹消登録年月日]1997/10/30

[登録記号]JA8481　[型式]Boeing767-281
[製造番号]22787　[最終運航会社]**全日本空輸**
[新規登録年月日]1983/06/15　[抹消登録年月日]1998/03/23

[登録記号]JA8482　[型式]Boeing767-281
[製造番号]22788　[最終運航会社]**全日本空輸**
[新規登録年月日]1983/07/08　[抹消登録年月日]1998/05/25

[登録記号]JA8483　[型式]Boeing767-281
[製造番号]22789　[最終運航会社]**全日本空輸**
[新規登録年月日]1983/09/13　[抹消登録年月日]1998/08/04

[登録記号]JA8484　[型式]Boeing767-281
[製造番号]22790　[最終運航会社]**全日本空輸**
[新規登録年月日]1983/10/12　[抹消登録年月日]1998/11/25

[登録記号]JA8485　[型式]Boeing767-281
[製造番号]23016　[最終運航会社]**全日本空輸**
[新規登録年月日]1984/02/01　[抹消登録年月日]1999/03/11

[登録記号]JA8486　[型式]Boeing767-281
[製造番号]23017　[最終運航会社]**全日本空輸**
[新規登録年月日]1984/03/02　[抹消登録年月日]1999/07/21

[登録記号]JA8487　[型式]Boeing767-281
[製造番号]23018　[最終運航会社]**全日本空輸**
[新規登録年月日]1984/04/10　[抹消登録年月日]1999/09/27

[登録記号]JA8488　[型式]Boeing767-281
[製造番号]23019　[最終運航会社]**全日本空輸**
[新規登録年月日]1984/05/02　[抹消登録年月日]2000/01/21

[登録記号]JA8489　　[型式]Boeing767-281
[製造番号]23020　　[最終運航会社]**全日本空輸**
[新規登録年月日]1984/07/05　　[抹消登録年月日]2000/01/26

[登録記号]JA8490　　[型式]Boeing767-281
[製造番号]23021　　[最終運航会社]**全日本空輸**
[新規登録年月日]1984/10/23　　[抹消登録年月日]2000/02/23

[登録記号]JA8491　　[型式]Boeing767-281
[製造番号]23022　　[最終運航会社]**全日本空輸**
[新規登録年月日]1984/11/16　　[抹消登録年月日]2000/06/29

[登録記号]JA8238　　[型式]Boeing767-281
[製造番号]23140　　[最終運航会社]**全日本空輸**
[新規登録年月日]1985/02/08　　[抹消登録年月日]2000/09/26

[登録記号]JA8239　　[型式]Boeing767-281
[製造番号]23141　　[最終運航会社]**全日本空輸**
[新規登録年月日]1985/03/06　　[抹消登録年月日]2001/06/20

[登録記号]JA8240　　[型式]Boeing767-281
[製造番号]23142　　[最終運航会社]**全日本空輸**
[新規登録年月日]1985/04/05　　[抹消登録年月日]2004/03/26

[登録記号]JA8241　　[型式]Boeing767-281
[製造番号]23143　　[最終運航会社]**全日本空輸**
[新規登録年月日]1985/05/13　　[抹消登録年月日]2002/03/13

[登録記号]JA8242　　[型式]Boeing767-281
[製造番号]23144　　[最終運航会社]**全日本空輸**
[新規登録年月日]1985/06/11　　[抹消登録年月日]2002/06/26

[登録記号]JA8231　　[型式]Boeing767-246
[製造番号]23212　　[最終運航会社]**日本航空インターナショナル**
[新規登録年月日]1985/07/23　　[抹消登録年月日]2011/03/10

[登録記号]JA8232　　[型式]Boeing767-246
[製造番号]23213　　[最終運航会社]**日本航空インターナショナル**
[新規登録年月日]1985/08/16　　[抹消登録年月日]2010/12/20

[登録記号]JA8243　　[型式]Boeing767-281
[製造番号]23145　　[最終運航会社]**全日本空輸**
[新規登録年月日]1985/09/04　　[抹消登録年月日]2002/09/25

[登録記号]JA8244　　[型式]Boeing767-281
[製造番号]23146　　[最終運航会社]**全日本空輸**
[新規登録年月日]1985/10/11　　[抹消登録年月日]2003/01/21

[登録記号]JA8233　　[型式]Boeing767-246
[製造番号]23214　　[最終運航会社]**日本航空インターナショナル**
[新規登録年月日]1985/11/13　　[抹消登録年月日]2011/02/03

[登録記号]JA8245　　[型式]Boeing767-281
[製造番号]23147　　[最終運航会社]**全日本空輸**
[新規登録年月日]1985/11/20　　[抹消登録年月日]2003/03/26

[登録記号]JA8251　　[型式]Boeing767-281
[製造番号]23431　　[最終運航会社]**全日本空輸**
[新規登録年月日]1986/06/19　　[抹消登録年月日]2005/07/14

[登録記号]JA8252　　[型式]Boeing767-281
[製造番号]23432　　[最終運航会社]**全日本空輸**
[新規登録年月日]1986/07/09　　[抹消登録年月日]2003/09/22

[登録記号]JA8234　　[型式]Boeing767-346
[製造番号]23216　　[最終運航会社]**日本航空インターナショナル**
[新規登録年月日]1986/09/26　　[抹消登録年月日]2009/04/30

[登録記号]JA8235　　[型式]Boeing767-346
[製造番号]23217　　[最終運航会社]**日本航空インターナショナル**
[新規登録年月日]1986/10/03　　[抹消登録年月日]2009/06/16

[登録記号]JA8236　　[型式]Boeing767-346
[製造番号]23215　　[最終運航会社]**日本航空インターナショナル**
[新規登録年月日]1986/12/17　　[抹消登録年月日]2009/12/25

[登録記号]JA8254　　[型式]Boeing767-281
[製造番号]23433　　[最終運航会社]**全日本空輸**
[新規登録年月日]1987/04/02　　[抹消登録年月日]2002/11/28

[登録記号]JA8255　　[型式]Boeing767-281
[製造番号]23434　　[最終運航会社]**スカイマーク**
[新規登録年月日]1987/04/28　　[抹消登録年月日]2004/09/28

[登録記号]JA8253　　[型式]Boeing767-346
[製造番号]23645　　[最終運航会社]**日本航空インターナショナル**
[新規登録年月日]1987/06/12　　[抹消登録年月日]2010/03/30

[登録記号]JA8256　　[型式]Boeing767-381
[製造番号]23756　　[最終運航会社]**全日本空輸**
[新規登録年月日]1987/07/01　　[抹消登録年月日]2012/09/14

[登録記号]JA8257　　[型式]Boeing767-381
[製造番号]23757　　[最終運航会社]**全日本空輸**
[新規登録年月日]1987/07/02　　[抹消登録年月日]2012/04/23

[登録記号]JA8258　　[型式]Boeing767-381
[製造番号]23758　　[最終運航会社]**全日本空輸**
[新規登録年月日]1987/07/10　　[抹消登録年月日]2009/12/09

[登録記号]JA8264　　[型式]Boeing767-346
[製造番号]23965　　[最終運航会社]**日本航空**
[新規登録年月日]1987/09/21　　[抹消登録年月日]2014/08/08

[登録記号]JA8259　　[型式]Boeing767-381
[製造番号]23759　　[最終運航会社]**全日本空輸**
[新規登録年月日]1987/09/24　　[抹消登録年月日]2012/07/23

[登録記号]JA8265　　[型式]Boeing767-346
[製造番号]23961　　[最終運航会社]**日本航空**
[新規登録年月日]1987/11/13　　[抹消登録年月日]2011/10/06

[登録記号]JA8266　　[型式]Boeing767-346
[製造番号]23966　　[最終運航会社]**日本航空**
[新規登録年月日]1987/12/08　　[抹消登録年月日]2013/09/24

[登録記号]JA8267　　[型式]Boeing767-346
[製造番号]23962　　[最終運航会社]**日本航空**
[新規登録年月日]1987/12/17　　[抹消登録年月日]2012/09/20

[登録記号]JA8271　[型式]Boeing767-381
[製造番号]24002　[最終運航会社]全日本空輸
[新規登録年月日]1988/02/09　[抹消登録年月日]2012/06/15

[登録記号]JA8272　[型式]Boeing767-381
[製造番号]24003　[最終運航会社]全日本空輸
[新規登録年月日]1988/04/19　[抹消登録年月日]2012/11/14

[登録記号]JA8273　[型式]Boeing767-381
[製造番号]24004　[最終運航会社]全日本空輸
[新規登録年月日]1988/05/13　[抹消登録年月日]2013/01/11

[登録記号]JA8274　[型式]Boeing767-381
[製造番号]24005　[最終運航会社]全日本空輸
[新規登録年月日]1988/06/07　[抹消登録年月日]2013/05/14

[登録記号]JA8275　[型式]Boeing767-381
[製造番号]24006　[最終運航会社]全日本空輸
[新規登録年月日]1988/06/10　[抹消登録年月日]2013/12/16

[登録記号]JA8268　[型式]Boeing767-346
[製造番号]23963　[最終運航会社]日本航空
[新規登録年月日]1988/06/22　[抹消登録年月日]2015/03/26

[登録記号]JA8269　[型式]Boeing767-346
[製造番号]23964　[最終運航会社]日本航空
[新規登録年月日]1988/06/24　[抹消登録年月日]2015/07/07

[登録記号]JA8285　[型式]Boeing767-381
[製造番号]24350　[最終運航会社]全日本空輸
[新規登録年月日]1989/04/07　[抹消登録年月日]2013/09/30

[登録記号]JA8286　[型式]Boeing767-381ER (BCF)
[製造番号]24400　[最終運航会社]全日本空輸
[新規登録年月日]1989/06/27　[抹消登録年月日]2020/03/04

[登録記号]JA8287　[型式]Boeing767-381
[製造番号]24351　[最終運航会社]全日本空輸
[新規登録年月日]1989/07/07　[抹消登録年月日]2014/08/06

[登録記号]JA8288　[型式]Boeing767-381
[製造番号]24415　[最終運航会社]**全日本空輸**
[新規登録年月日]1989/08/15　[抹消登録年月日]2014/09/12

[登録記号]JA8299　[型式]Boeing767-346
[製造番号]24498　[最終運航会社]**日本航空**
[新規登録年月日]1989/08/25　[抹消登録年月日]2015/12/28

[登録記号]JA8289　[型式]Boeing767-381
[製造番号]24416　[最終運航会社]**全日本空輸**
[新規登録年月日]1989/09/19　[抹消登録年月日]2014/03/17

[登録記号]JA8362　[型式]Boeing767-381ER (BCF)
[製造番号]24632　[最終運航会社]**全日本空輸**
[新規登録年月日]1989/10/27　[抹消登録年月日]2019/11/19

[登録記号]JA8290　[型式]Boeing767-381
[製造番号]24417　[最終運航会社]**全日本空輸**
[新規登録年月日]1990/01/24　[抹消登録年月日]2015/02/20

[登録記号]JA8291　[型式]Boeing767-381
[製造番号]24755　[最終運航会社]**全日本空輸**
[新規登録年月日]1990/03/01　[抹消登録年月日]2015/01/21

[登録記号]JA8363　[型式]Boeing767-381
[製造番号]24756　[最終運航会社]**全日本空輸**
[新規登録年月日]1990/04/13　[抹消登録年月日]2015/03/27

[登録記号]JA8364　[型式]Boeing767-346
[製造番号]24782　[最終運航会社]**日本航空**
[新規登録年月日]1990/09/21　[抹消登録年月日]2015/12/15

[登録記号]JA8365　[型式]Boeing767-346
[製造番号]24783　[最終運航会社]**日本航空**
[新規登録年月日]1990/09/26　[抹消登録年月日]2016/02/17

[登録記号]JA8368　[型式]Boeing767-381
[製造番号]24880　[最終運航会社]**全日本空輸**
[新規登録年月日]1990/11/01　[抹消登録年月日]2015/10/28

[登録記号]JA8360　[型式]Boeing767-381
[製造番号]25055　[最終運航会社]全日本空輸
[新規登録年月日]1991/02/19　[抹消登録年月日]2016/01/28

[登録記号]JA8356　[型式]Boeing767-381ER (BCF)
[製造番号]25136　[最終運航会社]全日本空輸
[新規登録年月日]1991/07/18　[抹消登録年月日]2019/08/15

[登録記号]JA8357　[型式]Boeing767-381
[製造番号]25293　[最終運航会社]全日本空輸
[新規登録年月日]1991/11/15　[抹消登録年月日]2016/02/29

[登録記号]JA8358　[型式]Boeing767-381ER (BCF)
[製造番号]25616　[最終運航会社]全日本空輸
[新規登録年月日]1992/05/15　[抹消登録年月日]現役稼働中

[登録記号]JA8359　[型式]Boeing767-381
[製造番号]25617　[最終運航会社]エア・ドゥ
[新規登録年月日]1992/06/30　[抹消登録年月日]2016/10/07

[登録記号]JA8322　[型式]Boeing767-381
[製造番号]25618　[最終運航会社]全日本空輸
[新規登録年月日]1992/10/15　[抹消登録年月日]2017/11/02

[登録記号]JA8323　[型式]Boeing767-381ER (BCF)
[製造番号]25654　[最終運航会社]全日本空輸
[新規登録年月日]1992/11/20　[抹消登録年月日]現役稼働中

[登録記号]JA8324　[型式]Boeing767-381
[製造番号]25655　[最終運航会社]全日本空輸
[新規登録年月日]1992/11/24　[抹消登録年月日]2018/02/02

[登録記号]JA8567　[型式]Boeing767-381
[製造番号]25656　[最終運航会社]全日本空輸
[新規登録年月日]1993/08/17　[抹消登録年月日]2018/11/19

[登録記号]JA8568　[型式]Boeing767-381
[製造番号]25657　[最終運航会社]全日本空輸
[新規登録年月日]1993/09/16　[抹消登録年月日]2018/11/30

[登録記号]JA8578　[型式]Boeing767-381
[製造番号]25658　[最終運航会社]**全日本空輸**
[新規登録年月日]1993/11/02　[抹消登録年月日]2017/08/31

[登録記号]JA8569　[型式]Boeing767-381
[製造番号]27050　[最終運航会社]**全日本空輸**
[新規登録年月日]1993/12/02　[抹消登録年月日]2018/12/27

[登録記号]JA8579　[型式]Boeing767-381
[製造番号]25659　[最終運航会社]**全日本空輸**
[新規登録年月日]1993/12/02　[抹消登録年月日]2018/12/11

[登録記号]JA8670　[型式]Boeing767-381
[製造番号]25660　[最終運航会社]**全日本空輸**
[新規登録年月日]1994/05/10　[抹消登録年月日]2019/05/28

[登録記号]JA8674　[型式]Boeing767-381
[製造番号]25661　[最終運航会社]**全日本空輸**
[新規登録年月日]1994/06/16　[抹消登録年月日]2019/07/17

[登録記号]JA8397　[型式]Boeing767-346
[製造番号]27311　[最終運航会社]**日本航空**
[新規登録年月日]1994/08/02　[抹消登録年月日]2016/06/27

[登録記号]JA8398　[型式]Boeing767-346
[製造番号]27312　[最終運航会社]**日本航空**
[新規登録年月日]1994/08/04　[抹消登録年月日]2016/07/28

[登録記号]JA8677　[型式]Boeing767-381
[製造番号]25662　[最終運航会社]**全日本空輸**
[新規登録年月日]1994/08/25　[抹消登録年月日]2019/04/25

[登録記号]JA8399　[型式]Boeing767-346
[製造番号]27313　[最終運航会社]**日本航空**
[新規登録年月日]1994/10/04　[抹消登録年月日]2016/11/30

[登録記号]JA8664　[型式]Boeing767-381ER (BCF)
[製造番号]27339　[最終運航会社]**全日本空輸**
[新規登録年月日]1994/10/20　[抹消登録年月日]**現役稼働中**

[登録記号]JA8669　[型式]Boeing767-381
[製造番号]27444　[最終運航会社]全日本空輸
[新規登録年月日]1995/03/02　[抹消登録年月日]2020/02/25

[登録記号]JA8342　[型式]Boeing767-381
[製造番号]27445　[最終運航会社]全日本空輸
[新規登録年月日]1995/04/28　[抹消登録年月日]2020/08/17

[登録記号]JA8975　[型式]Boeing767-346
[製造番号]27658　[最終運航会社]日本航空
[新規登録年月日]1995/06/12　[抹消登録年月日]2020/01/15

[登録記号]JA8970　[型式]Boeing767-381ER (BCF)
[製造番号]25619　[最終運航会社]全日本空輸
[新規登録年月日]1997/02/19　[抹消登録年月日]現役稼働中

[登録記号]JA8971　[型式]Boeing767-381ER
[製造番号]27942　[最終運航会社]全日本空輸
[新規登録年月日]1997/03/19　[抹消登録年月日]2021/01/15

[登録記号]JA8976　[型式]Boeing767-346
[製造番号]27659　[最終運航会社]日本航空
[新規登録年月日]1997/07/22　[抹消登録年月日]2020/12/23

[登録記号]JA601A　[型式]Boeing767-381
[製造番号]27943　[最終運航会社]エア・ドゥ
[新規登録年月日]1997/08/08　[抹消登録年月日]2022/01/17

[登録記号]JA8980　[型式]Boeing767-346
[製造番号]28837　[最終運航会社]日本航空
[新規登録年月日]1997/09/16　[抹消登録年月日]2022/01/27

[登録記号]JA8986　[型式]Boeing767-346
[製造番号]28838　[最終運航会社]日本航空
[新規登録年月日]1997/12/10　[抹消登録年月日]2020/05/15

[登録記号]JA602A　[型式]Boeing767-381
[製造番号]27944　[最終運航会社]エア・ドゥ
[新規登録年月日]1998/01/21　[抹消登録年月日]2021/12/17

[登録記号]JA8987　　[型式]Boeing767-346
[製造番号]28553　　[最終運航会社]**日本航空**
[新規登録年月日]1998/02/17　　[抹消登録年月日]2020/12/23

[登録記号]JA98AD　　[型式]Boeing767-33AER
[製造番号]27476　　[最終運航会社]**エア・ドゥ**
[新規登録年月日]1998/03/30　　[抹消登録年月日]2021/02/01

[登録記号]JA767A　　[型式]Boeing767-3Q8ER
[製造番号]27616　　[最終運航会社]**スカイマーク**
[新規登録年月日]1998/08/19　　[抹消登録年月日]2008/06/18

[登録記号]JA767B　　[型式]Boeing767-3Q8ER
[製造番号]27617　　[最終運航会社]**スカイマーク**
[新規登録年月日]1998/10/28　　[抹消登録年月日]2008/08/27

[登録記号]JA8988　　[型式]Boeing767-346
[製造番号]29863　　[最終運航会社]**日本航空**
[新規登録年月日]1999/11/29　　[抹消登録年月日]2021/12/21

[登録記号]JA01HD　　[型式]Boeing767-33AER
[製造番号]28159　　[最終運航会社]**エア・ドゥ**
[新規登録年月日]2000/04/27　　[抹消登録年月日]2021/03/04

[登録記号]JA767C　　[型式]Boeing767-3Q8ER
[製造番号]29390　　[最終運航会社]**スカイマーク**
[新規登録年月日]2002/03/08　　[抹消登録年月日]2008/01/09

[登録記号]JA603A　　[型式]Boeing767-381ER (BCF)
[製造番号]32972　　[最終運航会社]**全日本空輸**
[新規登録年月日]2002/05/17　　[抹消登録年月日]**現役稼働中**

[登録記号]JA601J　　[型式]Boeing767-346ER
[製造番号]32886　　[最終運航会社]**日本航空**
[新規登録年月日]2002/05/20　　[抹消登録年月日]**現役稼働中**

[登録記号]JA602J　　[型式]Boeing767-346ER
[製造番号]32887　　[最終運航会社]**日本航空**
[新規登録年月日]2002/06/07　　[抹消登録年月日]**現役稼働中**

［登録記号］JA603J　　［型式］Boeing767-346ER
［製造番号］32888　　［最終運航会社］日本航空
［新規登録年月日］2002/06/18　　［抹消登録年月日］現役稼働中

［登録記号］JA604A　　［型式］Boeing767-381ER
［製造番号］32973　　［最終運航会社］全日本空輸
［新規登録年月日］2002/06/27　　［抹消登録年月日］2021/03/17

［登録記号］JA605A　　［型式］Boeing767-381ER
［製造番号］32974　　［最終運航会社］エア・ドゥ
［新規登録年月日］2002/07/12　　［抹消登録年月日］現役稼働中

［登録記号］JA606A　　［型式］Boeing767-381ER
［製造番号］32975　　［最終運航会社］全日本空輸
［新規登録年月日］2002/07/24　　［抹消登録年月日］2021/02/12

［登録記号］JA607A　　［型式］Boeing767-381ER
［製造番号］32976　　［最終運航会社］エア・ドゥ
［新規登録年月日］2002/08/09　　［抹消登録年月日］現役稼働中

［登録記号］JA608A　　［型式］Boeing767-381ER
［製造番号］32977　　［最終運航会社］全日本空輸
［新規登録年月日］2002/08/29　　［抹消登録年月日］現役稼働中

［登録記号］JA601F　　［型式］Boeing767-381F
［製造番号］33404　　［最終運航会社］全日本空輸
［新規登録年月日］2002/08/29　　［抹消登録年月日］2011/08/01

［登録記号］JA609A　　［型式］Boeing767-381ER
［製造番号］32978　　［最終運航会社］全日本空輸
［新規登録年月日］2003/04/02　　［抹消登録年月日］現役稼働中

［登録記号］JA610A　　［型式］Boeing767-381ER
［製造番号］32979　　［最終運航会社］全日本空輸
［新規登録年月日］2003/04/15　　［抹消登録年月日］現役稼働中

［登録記号］JA604J　　［型式］Boeing767-346ER
［製造番号］33493　　［最終運航会社］日本航空
［新規登録年月日］2003/04/23　　［抹消登録年月日］2017/09/25

［登録記号］JA605J　［型式］Boeing767-346ER
［製造番号］33494　［最終運航会社］**日本航空**
［新規登録年月日］2003/06/24　［抹消登録年月日］2017/03/27

［登録記号］JA611A　［型式］Boeing767-381ER
［製造番号］32980　［最終運航会社］**全日本空輸**
［新規登録年月日］2003/07/28　［抹消登録年月日］**現役稼働中**

［登録記号］JA606J　［型式］Boeing767-346ER（WL）
［製造番号］33495　［最終運航会社］**日本航空**
［新規登録年月日］2003/08/15　［抹消登録年月日］**現役稼働中**

［登録記号］JA767D　［型式］Boeing767-36NER
［製造番号］30847　［最終運航会社］**スカイマーク**
［新規登録年月日］2003/09/19　［抹消登録年月日］2009/10/01

［登録記号］JA607J　［型式］Boeing767-346ER（WL）
［製造番号］33496　［最終運航会社］**日本航空**
［新規登録年月日］2003/10/07　［抹消登録年月日］**現役稼働中**

［登録記号］JA608J　［型式］Boeing767-346ER（WL）
［製造番号］33497　［最終運航会社］**日本航空**
［新規登録年月日］2004/03/03　［抹消登録年月日］**現役稼働中**

［登録記号］JA612A　［型式］Boeing767-381ER
［製造番号］33506　［最終運航会社］**エア・ドゥ**
［新規登録年月日］2004/04/06　［抹消登録年月日］**現役稼働中**

［登録記号］JA609J　［型式］Boeing767-346ER
［製造番号］33845　［最終運航会社］**日本航空**
［新規登録年月日］2004/04/07　［抹消登録年月日］2018/01/25

［登録記号］JA613A　［型式］Boeing767-381ER
［製造番号］33507　［最終運航会社］**エア・ドゥ**
［新規登録年月日］2004/08/06　［抹消登録年月日］**現役稼働中**

［登録記号］JA610J　［型式］Boeing767-346ER
［製造番号］33846　［最終運航会社］**日本航空**
［新規登録年月日］2004/09/22　［抹消登録年月日］**現役稼働中**

[登録記号]JA611J　　[型式]Boeing767-346ER
[製造番号]33847　　[最終運航会社]日本航空
[新規登録年月日]2004/11/16　　[抹消登録年月日]現役稼働中

[登録記号]JA767E　　[型式]Boeing767-328ER
[製造番号]27427　　[最終運航会社]スカイマーク
[新規登録年月日]2004/12/02　　[抹消登録年月日]2007/09/04

[登録記号]JA767F　　[型式]Boeing767-38EER
[製造番号]30840　　[最終運航会社]スカイマーク
[新規登録年月日]2005/03/04　　[抹消登録年月日]2009/04/28

[登録記号]JA612J　　[型式]Boeing767-346ER
[製造番号]33848　　[最終運航会社]日本航空
[新規登録年月日]2005/03/08　　[抹消登録年月日]現役稼働中

[登録記号]JA614A　　[型式]Boeing767-381ER
[製造番号]33508　　[最終運航会社]全日本空輸
[新規登録年月日]2005/04/21　　[抹消登録年月日]現役稼働中

[登録記号]JA613J　　[型式]Boeing767-346ER
[製造番号]33849　　[最終運航会社]日本航空
[新規登録年月日]2005/08/24　　[抹消登録年月日]現役稼働中

[登録記号]JA602F　　[型式]Boeing767-381F
[製造番号]33509　　[最終運航会社]全日本空輸
[新規登録年月日]2005/11/29　　[抹消登録年月日]現役稼働中

[登録記号]JA614J　　[型式]Boeing767-346ER
[製造番号]33851　　[最終運航会社]日本航空
[新規登録年月日]2005/12/22　　[抹消登録年月日]現役稼働中

[登録記号]JA603F　　[型式]Boeing767-381F
[製造番号]33510　　[最終運航会社]全日本空輸
[新規登録年月日]2006/02/03　　[抹消登録年月日]2011/02/01

[登録記号]JA615J　　[型式]Boeing767-346ER
[製造番号]33850　　[最終運航会社]日本航空
[新規登録年月日]2006/05/16　　[抹消登録年月日]現役稼働中

[登録記号]JA604F　　[型式]Boeing767-381F
[製造番号]35709　　[最終運航会社]**全日本空輸**
[新規登録年月日]2006/09/21　　[抹消登録年月日]**現役稼働中**

[登録記号]JA615A　　[型式]Boeing767-381ER
[製造番号]35877　　[最終運航会社]**全日本空輸**
[新規登録年月日]2007/01/31　　[抹消登録年月日]**現役稼働中**

[登録記号]JA616A　　[型式]Boeing767-381ER
[製造番号]35876　　[最終運航会社]**全日本空輸**
[新規登録年月日]2007/03/23　　[抹消登録年月日]**現役稼働中**

[登録記号]JA616J　　[型式]Boeing767-346ER（WL）
[製造番号]35813　　[最終運航会社]**日本航空**
[新規登録年月日]2007/04/20　　[抹消登録年月日]**現役稼働中**

[登録記号]JA631J　　[型式]Boeing767-346F
[製造番号]35816　　[最終運航会社]**日本航空インターナショナル**
[新規登録年月日]2007/06/27　　[抹消登録年月日]2010/11/10

[登録記号]JA617J　　[型式]Boeing767-346ER（WL）
[製造番号]35814　　[最終運航会社]**日本航空**
[新規登録年月日]2007/07/24　　[抹消登録年月日]**現役稼働中**

[登録記号]JA632J　　[型式]Boeing767-346F
[製造番号]35817　　[最終運航会社]**日本航空インターナショナル**
[新規登録年月日]2007/09/25　　[抹消登録年月日]2010/11/05

[登録記号]JA633J　　[型式]Boeing767-346F
[製造番号]35818　　[最終運航会社]**日本航空インターナショナル**
[新規登録年月日]2007/10/11　　[抹消登録年月日]2010/09/29

[登録記号]JA618J　　[型式]Boeing767-346ER（WL）
[製造番号]35815　　[最終運航会社]**日本航空**
[新規登録年月日]2008/02/15　　[抹消登録年月日]**現役稼働中**

[登録記号]JA619J　　[型式]Boeing767-346ER（WL）
[製造番号]37550　　[最終運航会社]**日本航空**
[新規登録年月日]2008/07/01　　[抹消登録年月日]**現役稼働中**

[登録記号]JA617A　[型式]Boeing767-381ER
[製造番号]37719　[最終運航会社]**全日本空輸**
[新規登録年月日]2008/09/01　[抹消登録年月日]**現役稼働中**

[登録記号]JA620J　[型式]Boeing767-346ER（WL）
[製造番号]37547　[最終運航会社]**日本航空**
[新規登録年月日]2009/02/10　[抹消登録年月日]**現役稼働中**

[登録記号]JA621J　[型式]Boeing767-346ER（WL）
[製造番号]37548　[最終運航会社]**日本航空**
[新規登録年月日]2009/03/17　[抹消登録年月日]**現役稼働中**

[登録記号]JA618A　[型式]Boeing767-381ER
[製造番号]37720　[最終運航会社]**全日本空輸**
[新規登録年月日]2009/04/08　[抹消登録年月日]**現役稼働中**

[登録記号]JA622J　[型式]Boeing767-346ER
[製造番号]37549　[最終運航会社]**日本航空**
[新規登録年月日]2009/05/07　[抹消登録年月日]**現役稼働中**

[登録記号]JA623J　[型式]Boeing767-346ER
[製造番号]36131　[最終運航会社]**日本航空**
[新規登録年月日]2009/05/29　[抹消登録年月日]**現役稼働中**

[登録記号]JA619A　[型式]Boeing767-381ER（WL）
[製造番号]40564　[最終運航会社]**全日本空輸**
[新規登録年月日]2010/09/01　[抹消登録年月日]2022/11/18

[登録記号]JA651J　[型式]Boeing767-346ER
[製造番号]40363　[最終運航会社]**日本航空**
[新規登録年月日]2010/10/01　[抹消登録年月日]2023/03/15

[登録記号]JA652J　[型式]Boeing767-346ER
[製造番号]40364　[最終運航会社]**日本航空**
[新規登録年月日]2010/10/22　[抹消登録年月日]2022/07/15

[登録記号]JA620A　[型式]Boeing767-381ER（WL）
[製造番号]40565　[最終運航会社]**全日本空輸**
[新規登録年月日]2010/11/12　[抹消登録年月日]2022/12/16

[登録記号]JA653J　[型式]Boeing767-346ER
[製造番号]40365　[最終運航会社]**日本航空**
[新規登録年月日]2010/12/15　[抹消登録年月日]**現役稼働中**

[登録記号]JA621A　[型式]Boeing767-381ER（WL）
[製造番号]40566　[最終運航会社]**全日本空輸**
[新規登録年月日]2011/01/18　[抹消登録年月日]2023/01/20

[登録記号]JA654J　[型式]Boeing767-346ER
[製造番号]40366　[最終運航会社]**日本航空**
[新規登録年月日]2011/02/04　[抹消登録年月日]**現役稼働中**

[登録記号]JA622A　[型式]Boeing767-381ER（WL）
[製造番号]40567　[最終運航会社]**全日本空輸**
[新規登録年月日]2011/02/23　[抹消登録年月日]**現役稼働中**

[登録記号]JA623A　[型式]Boeing767-381ER（WL）
[製造番号]40894　[最終運航会社]**全日本空輸**
[新規登録年月日]2011/03/30　[抹消登録年月日]**現役稼働中**

[登録記号]JA655J　[型式]Boeing767-346ER
[製造番号]40367　[最終運航会社]**日本航空**
[新規登録年月日]2011/07/29　[抹消登録年月日]**現役稼働中**

[登録記号]JA656J　[型式]Boeing767-346ER
[製造番号]40368　[最終運航会社]**日本航空**
[新規登録年月日]2011/08/23　[抹消登録年月日]**現役稼働中**

[登録記号]JA624A　[型式]Boeing767-381ER（WL）
[製造番号]40895　[最終運航会社]**全日本空輸**
[新規登録年月日]2011/09/01　[抹消登録年月日]**現役稼働中**

[登録記号]JA625A　[型式]Boeing767-381ER（WL）
[製造番号]40896　[最終運航会社]**全日本空輸**
[新規登録年月日]2011/10/03　[抹消登録年月日]**現役稼働中**

[登録記号]JA657J　[型式]Boeing767-346ER
[製造番号]40369　[最終運航会社]**日本航空**
[新規登録年月日]2011/10/21　[抹消登録年月日]**現役稼働中**

[登録記号]JA658J　　[型式]Boeing767-346ER
[製造番号]40370　　[最終運航会社]日本航空
[新規登録年月日]2011/11/18　　[抹消登録年月日]現役稼働中

[登録記号]JA659J　　[型式]Boeing767-346ER
[製造番号]40371　　[最終運航会社]日本航空
[新規登録年月日]2011/12/15　　[抹消登録年月日]現役稼働中

[登録記号]JA626A　　[型式]Boeing767-381ER（WL）
[製造番号]40897　　[最終運航会社]全日本空輸
[新規登録年月日]2012/01/17　　[抹消登録年月日]現役稼働中

[登録記号]JA627A　　[型式]Boeing767-381ER（WL）
[製造番号]40898　　[最終運航会社]全日本空輸
[新規登録年月日]2012/03/23　　[抹消登録年月日]現役稼働中

[登録記号]JA605F　　[型式]Boeing767-316F（WL）
[製造番号]30842　　[最終運航会社]全日本空輸
[新規登録年月日]2014/04/30　　[抹消登録年月日]現役稼働中

787

[登録記号]JA801A　　[型式]Boeing787-8
[製造番号]34488　　[最終運航会社]全日本空輸
[新規登録年月日]2011/09/26　　[抹消登録年月日]現役稼働中

[登録記号]JA802A　　[型式]Boeing787-8
[製造番号]34497　　[最終運航会社]全日本空輸
[新規登録年月日]2011/10/14　　[抹消登録年月日]現役稼働中

[登録記号]JA805A　　[型式]Boeing787-8
[製造番号]34514　　[最終運航会社]全日本空輸
[新規登録年月日]2012/01/04　　[抹消登録年月日]現役稼働中

[登録記号]JA807A　　[型式]Boeing787-8
[製造番号]34508　　[最終運航会社]全日本空輸
[新規登録年月日]2012/01/13　　[抹消登録年月日]現役稼働中

［登録記号］JA804A　［型式］Boeing787-8
［製造番号］34486　［最終運航会社］**全日本空輸**
［新規登録年月日］2012/01/16　［抹消登録年月日］**現役稼働中**

［登録記号］JA822J　［型式］Boeing787-8
［製造番号］34832　［最終運航会社］**ZIPAIR Tokyo**
［新規登録年月日］2012/03/26　［抹消登録年月日］**現役稼働中**

［登録記号］JA825J　［型式］Boeing787-8
［製造番号］34835　［最終運航会社］**ZIPAIR Tokyo**
［新規登録年月日］2012/03/26　［抹消登録年月日］**現役稼働中**

［登録記号］JA806A　［型式］Boeing787-8
［製造番号］34515　［最終運航会社］**全日本空輸**
［新規登録年月日］2012/03/29　［抹消登録年月日］**現役稼働中**

［登録記号］JA808A　［型式］Boeing787-8
［製造番号］34490　［最終運航会社］**全日本空輸**
［新規登録年月日］2012/04/16　［抹消登録年月日］**現役稼働中**

［登録記号］JA826J　［型式］Boeing787-8
［製造番号］34836　［最終運航会社］**ZIPAIR Tokyo**
［新規登録年月日］2012/04/26　［抹消登録年月日］**現役稼働中**

［登録記号］JA827J　［型式］Boeing787-8
［製造番号］34837　［最終運航会社］**日本航空**
［新規登録年月日］2012/04/26　［抹消登録年月日］**現役稼働中**

［登録記号］JA809A　［型式］Boeing787-8
［製造番号］34494　［最終運航会社］**全日本空輸**
［新規登録年月日］2012/06/21　［抹消登録年月日］**現役稼働中**

［登録記号］JA810A　［型式］Boeing787-8
［製造番号］34506　［最終運航会社］**全日本空輸**
［新規登録年月日］2012/06/25　［抹消登録年月日］**現役稼働中**

［登録記号］JA812A　［型式］Boeing787-8
［製造番号］40748　［最終運航会社］**全日本空輸**
［新規登録年月日］2012/07/02　［抹消登録年月日］**現役稼働中**

[登録記号]JA811A　[型式]Boeing787-8
[製造番号]34502　[最終運航会社]全日本空輸
[新規登録年月日]2012/07/17　[抹消登録年月日]現役稼働中

[登録記号]JA803A　[型式]Boeing787-8
[製造番号]34485　[最終運航会社]全日本空輸
[新規登録年月日]2012/08/23　[抹消登録年月日]現役稼働中

[登録記号]JA813A　[型式]Boeing787-8
[製造番号]34521　[最終運航会社]全日本空輸
[新規登録年月日]2012/08/31　[抹消登録年月日]現役稼働中

[登録記号]JA828J　[型式]Boeing787-8
[製造番号]34838　[最終運航会社]日本航空
[新規登録年月日]2012/09/04　[抹消登録年月日]現役稼働中

[登録記号]JA814A　[型式]Boeing787-8
[製造番号]34493　[最終運航会社]全日本空輸
[新規登録年月日]2012/09/24　[抹消登録年月日]現役稼働中

[登録記号]JA824J　[型式]Boeing787-8
[製造番号]34834　[最終運航会社]ZIPAIR Tokyo
[新規登録年月日]2012/09/25　[抹消登録年月日]現役稼働中

[登録記号]JA815A　[型式]Boeing787-8
[製造番号]40899　[最終運航会社]全日本空輸
[新規登録年月日]2012/10/01　[抹消登録年月日]現役稼働中

[登録記号]JA816A　[型式]Boeing787-8
[製造番号]34507　[最終運航会社]全日本空輸
[新規登録年月日]2012/11/01　[抹消登録年月日]現役稼働中

[登録記号]JA817A　[型式]Boeing787-8
[製造番号]40749　[最終運航会社]全日本空輸
[新規登録年月日]2012/12/21　[抹消登録年月日]現役稼働中

[登録記号]JA829J　[型式]Boeing787-8
[製造番号]34839　[最終運航会社]日本航空
[新規登録年月日]2012/12/21　[抹消登録年月日]現役稼働中

[登録記号]JA818A　[型式]Boeing787-8
[製造番号]42243　[最終運航会社]**全日本空輸**
[新規登録年月日]2013/05/15　[抹消登録年月日]**現役稼働中**

[登録記号]JA830J　[型式]Boeing787-8
[製造番号]34840　[最終運航会社]**日本航空**
[新規登録年月日]2013/05/30　[抹消登録年月日]**現役稼働中**

[登録記号]JA819A　[型式]Boeing787-8
[製造番号]42244　[最終運航会社]**全日本空輸**
[新規登録年月日]2013/05/31　[抹消登録年月日]**現役稼働中**

[登録記号]JA834J　[型式]Boeing787-8
[製造番号]34842　[最終運航会社]**日本航空**
[新規登録年月日]2013/06/13　[抹消登録年月日]**現役稼働中**

[登録記号]JA820A　[型式]Boeing787-8
[製造番号]34511　[最終運航会社]**全日本空輸**
[新規登録年月日]2013/06/20　[抹消登録年月日]**現役稼働中**

[登録記号]JA832J　[型式]Boeing787-8
[製造番号]34844　[最終運航会社]**日本航空**
[新規登録年月日]2013/07/24　[抹消登録年月日]**現役稼働中**

[登録記号]JA822A　[型式]Boeing787-8
[製造番号]34512　[最終運航会社]**全日本空輸**
[新規登録年月日]2013/08/21　[抹消登録年月日]**現役稼働中**

[登録記号]JA823A　[型式]Boeing787-8
[製造番号]42246　[最終運航会社]**全日本空輸**
[新規登録年月日]2013/08/22　[抹消登録年月日]**現役稼働中**

[登録記号]JA823J　[型式]Boeing787-8
[製造番号]34833　[最終運航会社]**日本航空**
[新規登録年月日]2013/08/29　[抹消登録年月日]**現役稼働中**

[登録記号]JA821A　[型式]Boeing787-8
[製造番号]42245　[最終運航会社]**全日本空輸**
[新規登録年月日]2013/09/24　[抹消登録年月日]**現役稼働中**

［登録記号］JA821J　［型式］Boeing787-8
［製造番号］34831　［最終運航会社］日本航空
［新規登録年月日］2013/11/05　［抹消登録年月日］現役稼働中

［登録記号］JA833J　［型式］Boeing787-8
［製造番号］34846　［最終運航会社］日本航空
［新規登録年月日］2013/12/17　［抹消登録年月日］現役稼働中

［登録記号］JA824A　［型式］Boeing787-8
［製造番号］42247　［最終運航会社］全日本空輸
［新規登録年月日］2014/01/08　［抹消登録年月日］現役稼働中

［登録記号］JA827A　［型式］Boeing787-8
［製造番号］34509　［最終運航会社］全日本空輸
［新規登録年月日］2014/02/06　［抹消登録年月日］現役稼働中

［登録記号］JA825A　［型式］Boeing787-8
［製造番号］34516　［最終運航会社］全日本空輸
［新規登録年月日］2014/02/07　［抹消登録年月日］現役稼働中

［登録記号］JA828A　［型式］Boeing787-8
［製造番号］42248　［最終運航会社］全日本空輸
［新規登録年月日］2014/02/21　［抹消登録年月日］現役稼働中

［登録記号］JA831J　［型式］Boeing787-8
［製造番号］34847　［最終運航会社］日本航空
［新規登録年月日］2014/03/18　［抹消登録年月日］現役稼働中

［登録記号］JA835J　［型式］Boeing787-8
［製造番号］34850　［最終運航会社］日本航空
［新規登録年月日］2014/03/31　［抹消登録年月日］現役稼働中

［登録記号］JA829A　［型式］Boeing787-8
［製造番号］34520　［最終運航会社］全日本空輸
［新規登録年月日］2014/06/05　［抹消登録年月日］現役稼働中

［登録記号］JA830A　［型式］Boeing787-9
［製造番号］34522　［最終運航会社］全日本空輸
［新規登録年月日］2014/07/28　［抹消登録年月日］現役稼働中

[登録記号]JA831A　[型式]Boeing787-8
[製造番号]34496　[最終運航会社]**全日本空輸**
[新規登録年月日]2014/08/04　[抹消登録年月日]**現役稼働中**

[登録記号]JA832A　[型式]Boeing787-8
[製造番号]42249　[最終運航会社]**全日本空輸**
[新規登録年月日]2014/08/15　[抹消登録年月日]**現役稼働中**

[登録記号]JA834A　[型式]Boeing787-8
[製造番号]40750　[最終運航会社]**全日本空輸**
[新規登録年月日]2014/08/21　[抹消登録年月日]**現役稼働中**

[登録記号]JA833A　[型式]Boeing787-9
[製造番号]34524　[最終運航会社]**全日本空輸**
[新規登録年月日]2014/09/26　[抹消登録年月日]**現役稼働中**

[登録記号]JA837J　[型式]Boeing787-8
[製造番号]34860　[最終運航会社]**日本航空**
[新規登録年月日]2014/11/25　[抹消登録年月日]**現役稼働中**

[登録記号]JA838J　[型式]Boeing787-8
[製造番号]34849　[最終運航会社]**日本航空**
[新規登録年月日]2014/12/10　[抹消登録年月日]**現役稼働中**

[登録記号]JA835A　[型式]Boeing787-8
[製造番号]34525　[最終運航会社]**全日本空輸**
[新規登録年月日]2014/12/18　[抹消登録年月日]**現役稼働中**

[登録記号]JA836J　[型式]Boeing787-8
[製造番号]38135　[最終運航会社]**日本航空**
[新規登録年月日]2014/12/19　[抹消登録年月日]**現役稼働中**

[登録記号]JA839J　[型式]Boeing787-8
[製造番号]34853　[最終運航会社]**日本航空**
[新規登録年月日]2015/01/20　[抹消登録年月日]**現役稼働中**

[登録記号]JA840J　[型式]Boeing787-8
[製造番号]34856　[最終運航会社]**日本航空**
[新規登録年月日]2015/02/27　[抹消登録年月日]**現役稼働中**

[登録記号]JA836A　　[型式]Boeing787-9
[製造番号]34527　　[最終運航会社]全日本空輸
[新規登録年月日]2015/04/22　　[抹消登録年月日]現役稼働中

[登録記号]JA838A　　[型式]Boeing787-8
[製造番号]34528　　[最終運航会社]全日本空輸
[新規登録年月日]2015/05/21　　[抹消登録年月日]現役稼働中

[登録記号]JA842J　　[型式]Boeing787-8
[製造番号]34854　　[最終運航会社]日本航空
[新規登録年月日]2015/05/22　　[抹消登録年月日]現役稼働中

[登録記号]JA837A　　[型式]Boeing787-9
[製造番号]34526　　[最終運航会社]全日本空輸
[新規登録年月日]2015/06/01　　[抹消登録年月日]現役稼働中

[登録記号]JA861J　　[型式]Boeing787-9
[製造番号]35422　　[最終運航会社]日本航空
[新規登録年月日]2015/06/10　　[抹消登録年月日]現役稼働中

[登録記号]JA841J　　[型式]Boeing787-8
[製造番号]34855　　[最終運航会社]日本航空
[新規登録年月日]2015/06/29　　[抹消登録年月日]現役稼働中

[登録記号]JA839A　　[型式]Boeing787-9
[製造番号]34529　　[最終運航会社]全日本空輸
[新規登録年月日]2015/07/01　　[抹消登録年月日]現役稼働中

[登録記号]JA871A　　[型式]Boeing787-9
[製造番号]34534　　[最終運航会社]全日本空輸
[新規登録年月日]2015/07/28　　[抹消登録年月日]現役稼働中

[登録記号]JA840A　　[型式]Boeing787-8
[製造番号]34518　　[最終運航会社]全日本空輸
[新規登録年月日]2015/07/31　　[抹消登録年月日]現役稼働中

[登録記号]JA872A　　[型式]Boeing787-9
[製造番号]34504　　[最終運航会社]全日本空輸
[新規登録年月日]2015/08/27　　[抹消登録年月日]現役稼働中

［登録記号］JA873A　［型式］Boeing787-9
［製造番号］34530　［最終運航会社］**全日本空輸**
［新規登録年月日］2015/09/30　［抹消登録年月日］**現役稼働中**

［登録記号］JA862J　［型式］Boeing787-9
［製造番号］34841　［最終運航会社］**日本航空**
［新規登録年月日］2015/10/30　［抹消登録年月日］**現役稼働中**

［登録記号］JA874A　［型式］Boeing787-8
［製造番号］34503　［最終運航会社］**全日本空輸**
［新規登録年月日］2015/11/12　［抹消登録年月日］**現役稼働中**

［登録記号］JA875A　［型式］Boeing787-9
［製造番号］34531　［最終運航会社］**全日本空輸**
［新規登録年月日］2015/11/24　［抹消登録年月日］**現役稼働中**

［登録記号］JA843J　［型式］Boeing787-8
［製造番号］34859　［最終運航会社］**日本航空**
［新規登録年月日］2016/01/29　［抹消登録年月日］**現役稼働中**

［登録記号］JA863J　［型式］Boeing787-9
［製造番号］38137　［最終運航会社］**日本航空**
［新規登録年月日］2016/02/22　［抹消登録年月日］**現役稼働中**

［登録記号］JA877A　［型式］Boeing787-9
［製造番号］43871　［最終運航会社］**全日本空輸**
［新規登録年月日］2016/03/22　［抹消登録年月日］**現役稼働中**

［登録記号］JA876A　［型式］Boeing787-9
［製造番号］34532　［最終運航会社］**全日本空輸**
［新規登録年月日］2016/03/31　［抹消登録年月日］**現役稼働中**

［登録記号］JA878A　［型式］Boeing787-8
［製造番号］34501　［最終運航会社］**全日本空輸**
［新規登録年月日］2016/05/13　［抹消登録年月日］**現役稼働中**

［登録記号］JA844J　［型式］Boeing787-8
［製造番号］38136　［最終運航会社］**日本航空**
［新規登録年月日］2016/05/26　［抹消登録年月日］**現役稼働中**

［登録記号］JA864J　［型式］Boeing787-9
［製造番号］34858　［最終運航会社］**日本航空**
［新規登録年月日］2016/06/01　［抹消登録年月日］**現役稼働中**

［登録記号］JA845J　［型式］Boeing787-8
［製造番号］34857　［最終運航会社］**日本航空**
［新規登録年月日］2016/06/30　［抹消登録年月日］**現役稼働中**

［登録記号］JA879A　［型式］Boeing787-9
［製造番号］43869　［最終運航会社］**全日本空輸**
［新規登録年月日］2016/07/21　［抹消登録年月日］**現役稼働中**

［登録記号］JA880A　［型式］Boeing787-9
［製造番号］34533　［最終運航会社］**全日本空輸**
［新規登録年月日］2016/07/27　［抹消登録年月日］**現役稼働中**

［登録記号］JA882A　［型式］Boeing787-9
［製造番号］43872　［最終運航会社］**全日本空輸**
［新規登録年月日］2016/08/17　［抹消登録年月日］**現役稼働中**

［登録記号］JA865J　［型式］Boeing787-9
［製造番号］38138　［最終運航会社］**日本航空**
［新規登録年月日］2016/08/18　［抹消登録年月日］**現役稼働中**

［登録記号］JA883A　［型式］Boeing787-9
［製造番号］43873　［最終運航会社］**全日本空輸**
［新規登録年月日］2016/09/06　［抹消登録年月日］**現役稼働中**

［登録記号］JA884A　［型式］Boeing787-9
［製造番号］34523　［最終運航会社］**全日本空輸**
［新規登録年月日］2016/09/21　［抹消登録年月日］**現役稼働中**

［登録記号］JA885A　［型式］Boeing787-9
［製造番号］43870　［最終運航会社］**全日本空輸**
［新規登録年月日］2016/10/03　［抹消登録年月日］**現役稼働中**

［登録記号］JA886A　［型式］Boeing787-9
［製造番号］61522　［最終運航会社］**全日本空輸**
［新規登録年月日］2016/10/25　［抹消登録年月日］**現役稼働中**

[登録記号]JA888A　[型式]Boeing787-9
[製造番号]43864　[最終運航会社]**全日本空輸**
[新規登録年月日]2016/11/07　[抹消登録年月日]**現役稼働中**

[登録記号]JA887A　[型式]Boeing787-9
[製造番号]43874　[最終運航会社]**全日本空輸**
[新規登録年月日]2016/11/22　[抹消登録年月日]**現役稼働中**

[登録記号]JA866J　[型式]Boeing787-9
[製造番号]35423　[最終運航会社]**日本航空**
[新規登録年月日]2016/12/02　[抹消登録年月日]**現役稼働中**

[登録記号]JA890A　[型式]Boeing787-9
[製造番号]34500　[最終運航会社]**全日本空輸**
[新規登録年月日]2016/12/09　[抹消登録年月日]**現役稼働中**

[登録記号]JA867J　[型式]Boeing787-9
[製造番号]34843　[最終運航会社]**日本航空**
[新規登録年月日]2017/02/02　[抹消登録年月日]**現役稼働中**

[登録記号]JA868J　[型式]Boeing787-9
[製造番号]34845　[最終運航会社]**日本航空**
[新規登録年月日]2017/03/24　[抹消登録年月日]**現役稼働中**

[登録記号]JA891A　[型式]Boeing787-9
[製造番号]40751　[最終運航会社]**全日本空輸**
[新規登録年月日]2017/04/18　[抹消登録年月日]**現役稼働中**

[登録記号]JA892A　[型式]Boeing787-9
[製造番号]34513　[最終運航会社]**全日本空輸**
[新規登録年月日]2017/06/13　[抹消登録年月日]**現役稼働中**

[登録記号]JA869J　[型式]Boeing787-9
[製造番号]35424　[最終運航会社]**日本航空**
[新規登録年月日]2017/07/18　[抹消登録年月日]**現役稼働中**

[登録記号]JA893A　[型式]Boeing787-9
[製造番号]61519　[最終運航会社]**全日本空輸**
[新規登録年月日]2017/07/26　[抹消登録年月日]**現役稼働中**

[登録記号]JA894A 　[型式]Boeing787-9
[製造番号]34517 　[最終運航会社]**全日本空輸**
[新規登録年月日]**2017/09/21** 　[抹消登録年月日]**現役稼働中**

[登録記号]JA870J 　[型式]Boeing787-9
[製造番号]35425 　[最終運航会社]**日本航空**
[新規登録年月日]**2017/09/22** 　[抹消登録年月日]**現役稼働中**

[登録記号]JA895A 　[型式]Boeing787-9
[製造番号]61520 　[最終運航会社]**全日本空輸**
[新規登録年月日]**2017/10/02** 　[抹消登録年月日]**現役稼働中**

[登録記号]JA871J 　[型式]Boeing787-9
[製造番号]34848 　[最終運航会社]**日本航空**
[新規登録年月日]**2017/11/16** 　[抹消登録年月日]**現役稼働中**

[登録記号]JA896A 　[型式]Boeing787-9
[製造番号]34499 　[最終運航会社]**全日本空輸**
[新規登録年月日]**2017/12/01** 　[抹消登録年月日]**現役稼働中**

[登録記号]JA898A 　[型式]Boeing787-9
[製造番号]40752 　[最終運航会社]**全日本空輸**
[新規登録年月日]**2018/03/28** 　[抹消登録年月日]**現役稼働中**

[登録記号]JA872J 　[型式]Boeing787-9
[製造番号]35428 　[最終運航会社]**日本航空**
[新規登録年月日]**2018/05/17** 　[抹消登録年月日]**現役稼働中**

[登録記号]JA873J 　[型式]Boeing787-9
[製造番号]34852 　[最終運航会社]**日本航空**
[新規登録年月日]**2018/06/20** 　[抹消登録年月日]**現役稼働中**

[登録記号]JA874J 　[型式]Boeing787-9
[製造番号]35429 　[最終運航会社]**日本航空**
[新規登録年月日]**2018/07/24** 　[抹消登録年月日]**現役稼働中**

[登録記号]JA897A 　[型式]Boeing787-9
[製造番号]61521 　[最終運航会社]**全日本空輸**
[新規登録年月日]**2018/07/26** 　[抹消登録年月日]**現役稼働中**

[登録記号]JA899A　［型式]Boeing787-9
[製造番号]34519　［最終運航会社]**全日本空輸**
[新規登録年月日]2018/10/01　［抹消登録年月日]**現役稼働中**

[登録記号]JA875J　［型式]Boeing787-9
[製造番号]38134　［最終運航会社]**日本航空**
[新規登録年月日]2018/12/04　［抹消登録年月日]**現役稼働中**

[登録記号]JA876J　［型式]Boeing787-9
[製造番号]35430　［最終運航会社]**日本航空**
[新規登録年月日]2019/01/24　［抹消登録年月日]**現役稼働中**

[登録記号]JA877J　［型式]Boeing787-9
[製造番号]35431　［最終運航会社]**日本航空**
[新規登録年月日]2019/02/08　［抹消登録年月日]**現役稼働中**

[登録記号]JA900A　［型式]Boeing787-10
[製造番号]62684　［最終運航会社]**全日本空輸**
[新規登録年月日]2019/03/29　［抹消登録年月日]**現役稼働中**

[登録記号]JA921A　［型式]Boeing787-9
[製造番号]43865　［最終運航会社]**全日本空輸**
[新規登録年月日]2019/05/29　［抹消登録年月日]**現役稼働中**

[登録記号]JA901A　［型式]Boeing787-10
[製造番号]62685　［最終運航会社]**全日本空輸**
[新規登録年月日]2019/07/01　［抹消登録年月日]**現役稼働中**

[登録記号]JA922A　［型式]Boeing787-9
[製造番号]43867　［最終運航会社]**全日本空輸**
[新規登録年月日]2019/08/02　［抹消登録年月日]**現役稼働中**

[登録記号]JA846J　［型式]Boeing787-8
[製造番号]35435　［最終運航会社]**日本航空**
[新規登録年月日]2019/10/08　［抹消登録年月日]**現役稼働中**

[登録記号]JA847J　［型式]Boeing787-8
[製造番号]35436　［最終運航会社]**日本航空**
[新規登録年月日]2019/11/27　［抹消登録年月日]**現役稼働中**

[登録記号]JA848J　　[型式]Boeing787-8
[製造番号]35438　　[最終運航会社]**日本航空**
[新規登録年月日]**2019/12/05**　　[抹消登録年月日]**現役稼働中**

[登録記号]JA878J　　[型式]Boeing787-9
[製造番号]34851　　[最終運航会社]**日本航空**
[新規登録年月日]**2019/12/12**　　[抹消登録年月日]**現役稼働中**

[登録記号]JA879J　　[型式]Boeing787-9
[製造番号]35427　　[最終運航会社]**日本航空**
[新規登録年月日]**2020/01/31**　　[抹消登録年月日]**現役稼働中**

[登録記号]JA880J　　[型式]Boeing787-9
[製造番号]35426　　[最終運航会社]**日本航空**
[新規登録年月日]**2020/02/07**　　[抹消登録年月日]**現役稼働中**

[登録記号]JA849J　　[型式]Boeing787-8
[製造番号]35437　　[最終運航会社]**日本航空**
[新規登録年月日]**2020/03/19**　　[抹消登録年月日]**現役稼働中**

[登録記号]JA928A　　[型式]Boeing787-9
[製造番号]61529　　[最終運航会社]**全日本空輸**
[新規登録年月日]**2020/03/19**　　[抹消登録年月日]**現役稼働中**

[登録記号]JA932A　　[型式]Boeing787-9
[製造番号]43866　　[最終運航会社]**全日本空輸**
[新規登録年月日]**2020/03/31**　　[抹消登録年月日]**現役稼働中**

[登録記号]JA933A　　[型式]Boeing787-9
[製造番号]61524　　[最終運航会社]**全日本空輸**
[新規登録年月日]**2020/08/05**　　[抹消登録年月日]**現役稼働中**

[登録記号]JA923A　　[型式]Boeing787-9
[製造番号]61523　　[最終運航会社]**全日本空輸**
[新規登録年月日]**2020/08/15**　　[抹消登録年月日]**現役稼働中**

[登録記号]JA881J　　[型式]Boeing787-9
[製造番号]66514　　[最終運航会社]**日本航空**
[新規登録年月日]**2021/04/20**　　[抹消登録年月日]**現役稼働中**

［登録記号］JA882J 　［型式］Boeing787-9
［製造番号］66515 　［最終運航会社］**日本航空**
［新規登録年月日］2021/04/23 　［抹消登録年月日］**現役稼働中**

［登録記号］JA925A 　［型式］Boeing787-9
［製造番号］61526 　［最終運航会社］**全日本空輸**
［新規登録年月日］2021/04/28 　［抹消登録年月日］**現役稼働中**

［登録記号］JA936A 　［型式］Boeing787-9
［製造番号］66523 　［最終運航会社］**全日本空輸**
［新規登録年月日］2021/09/16 　［抹消登録年月日］**現役稼働中**

［登録記号］JA937A 　［型式］Boeing787-9
［製造番号］66524 　［最終運航会社］**全日本空輸**
［新規登録年月日］2021/11/04 　［抹消登録年月日］**現役稼働中**

［登録記号］JA902A 　［型式］Boeing787-10
［製造番号］62686 　［最終運航会社］**全日本空輸**
［新規登録年月日］2022/10/18 　［抹消登録年月日］**現役稼働中**

［登録記号］JA935A 　［型式］Boeing787-9
［製造番号］66522 　［最終運航会社］**全日本空輸**
［新規登録年月日］2022/11/24 　［抹消登録年月日］**現役稼働中**

［登録記号］JA850J 　［型式］Boeing787-8
［製造番号］35439 　［最終運航会社］**ZIPAIR Tokyo**
［新規登録年月日］2023/03/17 　［抹消登録年月日］**現役稼働中**

A330

［登録記号］JA330A 　［型式］Airbus A330-343E
［製造番号］1483 　［最終運航会社］**スカイマーク**
［新規登録年月日］2014/02/28 　［抹消登録年月日］2015/03/25

［登録記号］JA330B 　［型式］Airbus A330-343E
［製造番号］1491 　［最終運航会社］**スカイマーク**
［新規登録年月日］2014/02/28 　［抹消登録年月日］2015/03/25

[登録記号]JA330D　[型式]Airbus A330-343E
[製造番号]1542　　[最終運航会社]スカイマーク
[新規登録年月日]2014/07/29　[抹消登録年月日]2015/03/25

[登録記号]JA330E　[型式]Airbus A330-343E
[製造番号]1554　　[最終運航会社]スカイマーク
[新規登録年月日]2014/09/11　　[抹消登録年月日]2015/03/25

[登録記号]JA330F　[型式]Airbus A330-343E
[製造番号]1574　　[最終運航会社]スカイマーク
[新規登録年月日]2014/11/28　[抹消登録年月日]2015/03/24

■ 日本の航空会社に在籍したボーイング767/787、エアバスA330一覧

※登録記号順に掲載(8000番台→リクエストナンバー)。　※データは2023年5月現在。

― 767

登録記号	型式	製造番号	最終運航会社	新規登録年月日	抹消登録年月日
JA8231	Boeing767-246	23212	日本航空インターナショナル	1985/07/23	2011/03/10
JA8232	Boeing767-246	23213	日本航空インターナショナル	1985/08/16	2010/12/20
JA8233	Boeing767-246	23214	日本航空インターナショナル	1985/11/13	2011/02/03
JA8234	Boeing767-346	23216	日本航空インターナショナル	1986/09/26	2009/04/30
JA8235	Boeing767-346	23217	日本航空インターナショナル	1986/10/03	2009/06/16
JA8236	Boeing767-346	23215	日本航空インターナショナル	1986/12/17	2009/12/25
JA8238	Boeing767-281	23140	全日本空輸	1985/02/08	2000/09/26
JA8239	Boeing767-281	23141	全日本空輸	1985/03/06	2001/06/20
JA8240	Boeing767-281	23142	全日本空輸	1985/04/05	2004/03/26
JA8241	Boeing767-281	23143	全日本空輸	1985/05/13	2002/03/13
JA8242	Boeing767-281	23144	全日本空輸	1985/06/11	2002/06/26
JA8243	Boeing767-281	23145	全日本空輸	1985/09/04	2002/09/25
JA8244	Boeing767-281	23146	全日本空輸	1985/10/11	2003/01/21
JA8245	Boeing767-281	23147	全日本空輸	1985/11/20	2003/03/26
JA8251	Boeing767-281	23431	全日本空輸	1986/06/19	2005/07/14
JA8252	Boeing767-281	23432	全日本空輸	1986/07/09	2003/09/22
JA8253	Boeing767-346	23645	日本航空インターナショナル	1987/06/12	2010/03/30
JA8254	Boeing767-281	23433	全日本空輸	1987/04/02	2002/11/28
JA8255	Boeing767-281	23434	スカイマーク	1987/04/28	2004/09/28
JA8256	Boeing767-381	23756	全日本空輸	1987/07/01	2012/09/14
JA8257	Boeing767-381	23757	全日本空輸	1987/07/02	2012/04/23
JA8258	Boeing767-381	23758	全日本空輸	1987/07/10	2009/12/09
JA8259	Boeing767-381	23759	全日本空輸	1987/09/24	2012/07/23
JA8264	Boeing767-346	23965	日本航空	1987/09/21	2014/08/08
JA8265	Boeing767-346	23961	日本航空	1987/11/13	2011/10/06
JA8266	Boeing767-346	23966	日本航空	1987/12/08	2013/09/24
JA8267	Boeing767-346	23962	日本航空	1987/12/17	2012/09/20
JA8268	Boeing767-346	23963	日本航空	1988/06/22	2015/03/26
JA8269	Boeing767-346	23964	日本航空	1988/06/24	2015/07/07
JA8271	Boeing767-381	24002	全日本空輸	1988/02/09	2012/06/15
JA8272	Boeing767-381	24003	全日本空輸	1988/04/19	2012/11/14
JA8273	Boeing767-381	24004	全日本空輸	1988/05/13	2013/01/11
JA8274	Boeing767-381	24005	全日本空輸	1988/06/07	2013/05/14
JA8275	Boeing767-381	24006	全日本空輸	1988/06/10	2013/12/16
JA8285	Boeing767-381	24350	全日本空輸	1989/04/07	2013/09/30
JA8286	Boeing767-381ER (BCF)	24400	全日本空輸	1989/06/27	2020/03/04

登録記号	型式	製造番号	最終運航会社	新規登録年月日	抹消登録年月日
JA8287	Boeing767-381	24351	全日本空輸	1989/07/07	2014/08/06
JA8288	Boeing767-381	24415	全日本空輸	1989/08/15	2014/09/12
JA8289	Boeing767-381	24416	全日本空輸	1989/09/19	2014/03/17
JA8290	Boeing767-381	24417	全日本空輸	1990/01/24	2015/02/20
JA8291	Boeing767-381	24755	全日本空輸	1990/03/01	2015/01/21
JA8299	Boeing767-346	24498	日本航空	1989/08/25	2015/12/28
JA8322	Boeing767-381	25618	全日本空輸	1992/10/15	2017/11/02
JA8323	Boeing767-381ER (BCF)	25654	全日本空輸	1992/11/20	現役稼働中
JA8324	Boeing767-381	25655	全日本空輸	1992/11/24	2018/02/02
JA8342	Boeing767-381	27445	全日本空輸	1995/04/28	2020/08/17
JA8356	Boeing767-381ER (BCF)	25136	全日本空輸	1991/07/18	2019/08/15
JA8357	Boeing767-381	25293	全日本空輸	1991/11/15	2016/02/29
JA8358	Boeing767-381ER (BCF)	25616	全日本空輸	1992/05/15	現役稼働中
JA8359	Boeing767-381	25617	エア・ドゥ	1992/06/30	2016/10/07
JA8360	Boeing767-381	25055	全日本空輸	1991/02/19	2016/01/28
JA8362	Boeing767-381ER (BCF)	24632	全日本空輸	1989/10/27	2019/11/19
JA8363	Boeing767-381	24756	全日本空輸	1990/04/13	2015/03/27
JA8364	Boeing767-346	24782	日本航空	1990/09/21	2015/12/15
JA8365	Boeing767-346	24783	日本航空	1990/09/26	2016/02/17
JA8368	Boeing767-381	24880	全日本空輸	1990/11/01	2015/10/28
JA8397	Boeing767-346	27311	日本航空	1994/08/02	2016/06/27
JA8398	Boeing767-346	27312	日本航空	1994/08/04	2016/07/28
JA8399	Boeing767-346	27313	日本航空	1994/10/04	2016/11/30
JA8479	Boeing767-281	22785	全日本空輸	1983/04/26	1997/08/06
JA8480	Boeing767-281	22786	全日本空輸	1983/05/18	1997/10/30
JA8481	Boeing767-281	22787	全日本空輸	1983/06/15	1998/03/23
JA8482	Boeing767-281	22788	全日本空輸	1983/07/08	1998/05/25
JA8483	Boeing767-281	22789	全日本空輸	1983/09/13	1998/08/04
JA8484	Boeing767-281	22790	全日本空輸	1983/10/12	1998/11/25
JA8485	Boeing767-281	23016	全日本空輸	1984/02/01	1999/03/11
JA8486	Boeing767-281	23017	全日本空輸	1984/03/02	1999/07/21
JA8487	Boeing767-281	23018	全日本空輸	1984/04/10	1999/09/27
JA8488	Boeing767-281	23019	全日本空輸	1984/05/02	2000/01/21
JA8489	Boeing767-281	23020	全日本空輸	1984/07/05	2000/01/26
JA8490	Boeing767-281	23021	全日本空輸	1984/10/23	2000/02/23
JA8491	Boeing767-281	23022	全日本空輸	1984/11/16	2000/06/29
JA8567	Boeing767-381	25656	全日本空輸	1993/08/17	2018/11/19
JA8568	Boeing767-381	25657	全日本空輸	1993/09/16	2018/11/30
JA8569	Boeing767-381	27050	全日本空輸	1993/12/02	2018/12/27
JA8578	Boeing767-381	25658	全日本空輸	1993/11/02	2017/08/31
JA8579	Boeing767-381	25659	全日本空輸	1993/12/02	2018/12/11
JA8664	Boeing767-381ER (BCF)	27339	全日本空輸	1994/10/20	現役稼働中
JA8669	Boeing767-381	27444	全日本空輸	1995/03/02	2020/02/25
JA8670	Boeing767-381	25660	全日本空輸	1994/05/10	2019/05/28
JA8674	Boeing767-381	25661	全日本空輸	1994/06/16	2019/07/17
JA8677	Boeing767-381	25662	全日本空輸	1994/08/25	2019/04/25
JA8970	Boeing767-381ER (BCF)	25619	全日本空輸	1997/02/19	現役稼働中
JA8971	Boeing767-381ER	27942	全日本空輸	1997/03/19	2021/01/15
JA8975	Boeing767-346	27658	日本航空	1995/06/12	2020/01/15
JA8976	Boeing767-346	27659	日本航空	1997/07/22	2020/12/23
JA8980	Boeing767-346	28837	日本航空	1997/09/16	2022/01/27
JA8986	Boeing767-346	28838	日本航空	1997/12/10	2020/05/15
JA8987	Boeing767-346	28553	日本航空	1998/02/17	2020/12/23
JA8988	Boeing767-346	29863	日本航空	1999/11/29	2021/12/21
JA01HD	Boeing767-33AER	28159	エア・ドゥ	2000/04/27	2021/03/04
JA98AD	Boeing767-33AER	27476	エア・ドゥ	1998/03/30	2021/02/01
JA601A	Boeing767-381	27943	エア・ドゥ	1997/08/08	2022/01/17
JA601F	Boeing767-381F	33404	全日本空輸	2002/08/29	2011/08/01
JA601J	Boeing767-346ER	32886	日本航空	2002/05/20	現役稼働中
JA602A	Boeing767-381	27944	エア・ドゥ	1998/01/21	2021/12/17
JA602F	Boeing767-381F	33509	全日本空輸	2005/11/29	現役稼働中
JA602J	Boeing767-346ER	32887	日本航空	2002/06/07	現役稼働中
JA603A	Boeing767-381ER (BCF)	32972	全日本空輸	2002/05/17	現役稼働中
JA603F	Boeing767-381F	33510	全日本空輸	2006/02/03	2011/02/01
JA603J	Boeing767-346ER	32888	日本航空	2002/06/18	現役稼働中
JA604A	Boeing767-381ER	32973	全日本空輸	2002/06/27	2021/03/17
JA604F	Boeing767-381F	35709	全日本空輸	2006/09/21	現役稼働中
JA604J	Boeing767-346ER	33493	日本航空	2003/04/23	2017/09/25

登録記号	型式	製造番号	最終運航会社	新規登録年月日	抹消登録年月日
JA605A	Boeing767-381ER	32974	エア・ドゥ	2002/07/12	現役稼働中
JA605F	Boeing767-316F(WL)	30842	全日本空輸	2014/04/30	現役稼働中
JA605J	Boeing767-346ER	33494	日本航空	2003/06/24	2017/03/27
JA606A	Boeing767-381ER	32975	全日本空輸	2002/07/24	2021/02/12
JA606J	Boeing767-346ER(WL)	33495	日本航空	2003/08/15	現役稼働中
JA607A	Boeing767-381ER	32976	エア・ドゥ	2002/08/09	現役稼働中
JA607J	Boeing767-346ER(WL)	33496	日本航空	2003/10/07	現役稼働中
JA608A	Boeing767-381ER	32977	全日本空輸	2002/08/29	現役稼働中
JA608J	Boeing767-346ER(WL)	33497	日本航空	2004/03/03	現役稼働中
JA609A	Boeing767-381ER	32978	全日本空輸	2003/04/02	現役稼働中
JA609J	Boeing767-346ER	33845	日本航空	2004/04/07	2018/01/25
JA610A	Boeing767-381ER	32979	全日本空輸	2003/04/15	現役稼働中
JA610J	Boeing767-346ER	33846	日本航空	2004/09/22	現役稼働中
JA611A	Boeing767-381ER	32980	全日本空輸	2003/07/28	現役稼働中
JA611J	Boeing767-346ER	33847	日本航空	2004/11/16	現役稼働中
JA612A	Boeing767-381ER	33506	エア・ドゥ	2004/04/06	現役稼働中
JA612J	Boeing767-346ER	33848	日本航空	2005/03/08	現役稼働中
JA613A	Boeing767-381ER	33507	エア・ドゥ	2004/08/06	現役稼働中
JA613J	Boeing767-346ER	33849	日本航空	2005/08/24	現役稼働中
JA614A	Boeing767-381ER	33508	全日本空輸	2005/04/21	現役稼働中
JA614J	Boeing767-346ER	33851	日本航空	2005/12/22	現役稼働中
JA615A	Boeing767-381ER	35877	全日本空輸	2007/01/31	現役稼働中
JA615J	Boeing767-346ER	33850	日本航空	2006/05/16	現役稼働中
JA616A	Boeing767-381ER	35876	全日本空輸	2007/03/23	現役稼働中
JA616J	Boeing767-346ER(WL)	35813	日本航空	2007/04/20	現役稼働中
JA617A	Boeing767-381ER	37719	全日本空輸	2008/09/01	現役稼働中
JA617J	Boeing767-346ER(WL)	35814	日本航空	2007/07/24	現役稼働中
JA618A	Boeing767-381ER	37720	全日本空輸	2009/04/08	現役稼働中
JA618J	Boeing767-346ER(WL)	35815	日本航空	2008/02/15	現役稼働中
JA619A	Boeing767-381ER(WL)	40564	全日本空輸	2010/09/01	2022/11/18
JA619J	Boeing767-346ER(WL)	37550	日本航空	2008/07/01	現役稼働中
JA620A	Boeing767-381ER(WL)	40565	全日本空輸	2010/11/12	2022/12/16
JA620J	Boeing767-346ER(WL)	37547	日本航空	2009/02/10	現役稼働中
JA621A	Boeing767-381ER(WL)	40566	全日本空輸	2011/01/18	2023/01/20
JA621J	Boeing767-346ER(WL)	37548	日本航空	2009/03/17	現役稼働中
JA622A	Boeing767-381ER(WL)	40567	全日本空輸	2011/02/23	現役稼働中
JA622J	Boeing767-346ER	37549	日本航空	2009/05/07	現役稼働中
JA623A	Boeing767-381ER(WL)	40894	全日本空輸	2011/03/30	現役稼働中
JA623J	Boeing767-346ER	36131	日本航空	2009/05/29	現役稼働中
JA624A	Boeing767-381ER(WL)	40895	全日本空輸	2011/09/01	現役稼働中
JA625A	Boeing767-381ER(WL)	40896	全日本空輸	2011/10/03	現役稼働中
JA626A	Boeing767-381ER(WL)	40897	全日本空輸	2012/01/17	現役稼働中
JA627A	Boeing767-381ER(WL)	40898	全日本空輸	2012/03/23	現役稼働中
JA631J	Boeing767-346F	35816	日本航空インターナショナル	2007/06/27	2010/11/10
JA632J	Boeing767-346F	35817	日本航空インターナショナル	2007/09/25	2010/11/05
JA633J	Boeing767-346F	35818	日本航空インターナショナル	2007/10/11	2010/09/29
JA651J	Boeing767-346ER	40363	日本航空	2010/10/01	2023/03/15
JA652J	Boeing767-346ER	40364	日本航空	2010/10/22	2022/07/15
JA653J	Boeing767-346ER	40365	日本航空	2010/12/15	現役稼働中
JA654J	Boeing767-346ER	40366	日本航空	2011/02/04	現役稼働中
JA655J	Boeing767-346ER	40367	日本航空	2011/07/29	現役稼働中
JA656J	Boeing767-346ER	40368	日本航空	2011/08/23	現役稼働中
JA657J	Boeing767-346ER	40369	日本航空	2011/10/21	現役稼働中
JA658J	Boeing767-346ER	40370	日本航空	2011/11/18	現役稼働中
JA659J	Boeing767-346ER	40371	日本航空	2011/12/15	現役稼働中
JA767A	Boeing767-3Q8ER	27616	スカイマーク	1998/08/19	2008/06/18
JA767B	Boeing767-3Q8ER	27617	スカイマーク	1998/10/28	2008/08/27
JA767C	Boeing767-3Q8ER	29390	スカイマーク	2002/03/08	2008/01/09
JA767D	Boeing767-36NER	30847	スカイマーク	2003/09/19	2009/10/01
JA767E	Boeing767-328ER	27427	スカイマーク	2004/12/02	2007/09/04
JA767F	Boeing767-38EER	30840	スカイマーク	2005/03/04	2009/04/28

━ 787

登録記号	型式	製造番号	最終運航会社	新規登録年月日	抹消登録年月日
JA801A	Boeing787-8	34488	全日本空輸	2011/09/26	現役稼働中
JA802A	Boeing787-8	34497	全日本空輸	2011/10/14	現役稼働中
JA803A	Boeing787-8	34485	全日本空輸	2012/08/23	現役稼働中
JA804A	Boeing787-8	34486	全日本空輸	2012/01/16	現役稼働中

登録記号	型式	製造番号	最終運航会社	新規登録年月日	抹消登録年月日
JA805A	Boeing787-8	34514	全日本空輸	2012/01/04	現役稼働中
JA806A	Boeing787-8	34515	全日本空輸	2012/03/29	現役稼働中
JA807A	Boeing787-8	34508	全日本空輸	2012/01/13	現役稼働中
JA808A	Boeing787-8	34490	全日本空輸	2012/04/16	現役稼働中
JA809A	Boeing787-8	34494	全日本空輸	2012/06/21	現役稼働中
JA810A	Boeing787-8	34506	全日本空輸	2012/06/25	現役稼働中
JA811A	Boeing787-8	34502	全日本空輸	2012/07/17	現役稼働中
JA812A	Boeing787-8	40748	全日本空輸	2012/07/02	現役稼働中
JA813A	Boeing787-8	34521	全日本空輸	2012/08/31	現役稼働中
JA814A	Boeing787-8	34493	全日本空輸	2012/09/24	現役稼働中
JA815A	Boeing787-8	40899	全日本空輸	2012/10/01	現役稼働中
JA816A	Boeing787-8	34507	全日本空輸	2012/11/01	現役稼働中
JA817A	Boeing787-8	40749	全日本空輸	2012/12/21	現役稼働中
JA818A	Boeing787-8	42243	全日本空輸	2013/05/15	現役稼働中
JA819A	Boeing787-8	42244	全日本空輸	2013/05/31	現役稼働中
JA820A	Boeing787-8	34511	全日本空輸	2013/06/20	現役稼働中
JA821A	Boeing787-8	42245	全日本空輸	2013/09/24	現役稼働中
JA821J	Boeing787-8	34831	日本航空	2013/11/05	現役稼働中
JA822A	Boeing787-8	34512	全日本空輸	2013/08/21	現役稼働中
JA822J	Boeing787-8	34832	ZIPAIR Tokyo	2012/03/26	現役稼働中
JA823A	Boeing787-8	42246	全日本空輸	2013/08/22	現役稼働中
JA823J	Boeing787-8	34833	日本航空	2013/08/29	現役稼働中
JA824A	Boeing787-8	42247	全日本空輸	2014/01/08	現役稼働中
JA824J	Boeing787-8	34834	ZIPAIR Tokyo	2012/09/25	現役稼働中
JA825A	Boeing787-8	34516	全日本空輸	2014/02/07	現役稼働中
JA825J	Boeing787-8	34835	ZIPAIR Tokyo	2012/03/26	現役稼働中
JA826J	Boeing787-8	34836	ZIPAIR Tokyo	2012/04/26	現役稼働中
JA827A	Boeing787-8	34509	全日本空輸	2014/02/06	現役稼働中
JA827J	Boeing787-8	34837	日本航空	2012/04/26	現役稼働中
JA828A	Boeing787-8	42248	全日本空輸	2014/02/21	現役稼働中
JA828J	Boeing787-8	34838	日本航空	2012/09/04	現役稼働中
JA829A	Boeing787-8	34520	全日本空輸	2014/06/05	現役稼働中
JA829J	Boeing787-8	34839	日本航空	2012/12/21	現役稼働中
JA830A	Boeing787-9	34522	全日本空輸	2014/07/28	現役稼働中
JA830J	Boeing787-8	34840	日本航空	2013/05/30	現役稼働中
JA831A	Boeing787-8	34496	全日本空輸	2014/08/04	現役稼働中
JA831J	Boeing787-8	34847	日本航空	2014/03/18	現役稼働中
JA832A	Boeing787-8	42249	全日本空輸	2014/08/15	現役稼働中
JA832J	Boeing787-8	34844	日本航空	2013/07/24	現役稼働中
JA833A	Boeing787-9	34524	全日本空輸	2014/09/26	現役稼働中
JA833J	Boeing787-8	34846	日本航空	2013/12/17	現役稼働中
JA834A	Boeing787-8	40750	全日本空輸	2014/08/21	現役稼働中
JA834J	Boeing787-8	34842	日本航空	2013/06/13	現役稼働中
JA835A	Boeing787-8	34525	全日本空輸	2014/12/18	現役稼働中
JA835J	Boeing787-8	34850	日本航空	2014/03/31	現役稼働中
JA836A	Boeing787-9	34527	全日本空輸	2015/04/22	現役稼働中
JA836J	Boeing787-8	38135	日本航空	2014/12/19	現役稼働中
JA837A	Boeing787-9	34526	全日本空輸	2015/06/01	現役稼働中
JA837J	Boeing787-8	34860	日本航空	2014/11/25	現役稼働中
JA838A	Boeing787-8	34528	全日本空輸	2015/05/21	現役稼働中
JA838J	Boeing787-8	34849	日本航空	2014/12/10	現役稼働中
JA839A	Boeing787-9	34529	全日本空輸	2015/07/01	現役稼働中
JA839J	Boeing787-8	34853	日本航空	2015/01/20	現役稼働中
JA840A	Boeing787-8	34518	全日本空輸	2015/07/31	現役稼働中
JA840J	Boeing787-8	34856	日本航空	2015/02/27	現役稼働中
JA841J	Boeing787-8	34855	日本航空	2015/06/29	現役稼働中
JA842J	Boeing787-8	34854	日本航空	2015/05/22	現役稼働中
JA843J	Boeing787-8	34859	日本航空	2016/01/29	現役稼働中
JA844J	Boeing787-8	38136	日本航空	2016/05/26	現役稼働中
JA845J	Boeing787-8	34857	日本航空	2016/06/30	現役稼働中
JA846J	Boeing787-8	35435	日本航空	2019/10/08	現役稼働中
JA847J	Boeing787-8	35436	日本航空	2019/11/27	現役稼働中
JA848J	Boeing787-8	35438	日本航空	2019/12/05	現役稼働中
JA849J	Boeing787-8	35437	日本航空	2020/03/19	現役稼働中
JA850J	Boeing787-8	35439	ZIPAIR Tokyo	2023/03/17	現役稼働中
JA861J	Boeing787-9	35422	日本航空	2015/06/10	現役稼働中
JA862J	Boeing787-9	34841	日本航空	2015/10/30	現役稼働中
JA863J	Boeing787-9	38137	日本航空	2016/02/22	現役稼働中

登録記号	型式	製造番号	最終運航会社	新規登録年月日	抹消登録年月日
JA864J	Boeing787-9	34858	日本航空	2016/06/01	現役稼働中
JA865J	Boeing787-9	38138	日本航空	2016/08/18	現役稼働中
JA866J	Boeing787-9	35423	日本航空	2016/12/02	現役稼働中
JA867J	Boeing787-9	34843	日本航空	2017/02/02	現役稼働中
JA868J	Boeing787-9	34845	日本航空	2017/03/24	現役稼働中
JA869J	Boeing787-9	35424	日本航空	2017/07/18	現役稼働中
JA870J	Boeing787-9	35425	日本航空	2017/09/22	現役稼働中
JA871A	Boeing787-9	34534	全日本空輸	2015/07/28	現役稼働中
JA871J	Boeing787-9	34848	日本航空	2017/11/16	現役稼働中
JA872A	Boeing787-9	34504	全日本空輸	2015/08/27	現役稼働中
JA872J	Boeing787-9	35428	日本航空	2018/05/17	現役稼働中
JA873A	Boeing787-9	34530	全日本空輸	2015/09/30	現役稼働中
JA873J	Boeing787-9	34852	日本航空	2018/06/20	現役稼働中
JA874A	Boeing787-8	34503	全日本空輸	2015/11/12	現役稼働中
JA874J	Boeing787-9	35429	日本航空	2018/07/24	現役稼働中
JA875A	Boeing787-9	34531	全日本空輸	2015/11/24	現役稼働中
JA875J	Boeing787-9	38134	日本航空	2018/12/04	現役稼働中
JA876A	Boeing787-9	34532	全日本空輸	2016/03/31	現役稼働中
JA876J	Boeing787-9	35430	日本航空	2019/01/24	現役稼働中
JA877A	Boeing787-9	43871	全日本空輸	2016/03/22	現役稼働中
JA877J	Boeing787-9	35431	日本航空	2019/02/08	現役稼働中
JA878A	Boeing787-8	34501	全日本空輸	2016/05/13	現役稼働中
JA878J	Boeing787-9	34851	日本航空	2019/12/12	現役稼働中
JA879A	Boeing787-9	43869	全日本空輸	2016/07/21	現役稼働中
JA879J	Boeing787-9	35427	日本航空	2020/01/31	現役稼働中
JA880A	Boeing787-9	34533	全日本空輸	2016/07/27	現役稼働中
JA880J	Boeing787-9	35426	日本航空	2020/02/07	現役稼働中
JA881J	Boeing787-9	66514	日本航空	2021/04/20	現役稼働中
JA882A	Boeing787-9	43872	全日本空輸	2016/08/17	現役稼働中
JA882J	Boeing787-9	66515	日本航空	2021/04/23	現役稼働中
JA883A	Boeing787-9	43873	全日本空輸	2016/09/06	現役稼働中
JA884A	Boeing787-9	34523	全日本空輸	2016/09/21	現役稼働中
JA885A	Boeing787-9	43870	全日本空輸	2016/10/03	現役稼働中
JA886A	Boeing787-9	61522	全日本空輸	2016/10/25	現役稼働中
JA887A	Boeing787-9	43874	全日本空輸	2016/11/22	現役稼働中
JA888A	Boeing787-9	43864	全日本空輸	2016/11/07	現役稼働中
JA890A	Boeing787-9	34500	全日本空輸	2016/12/09	現役稼働中
JA891A	Boeing787-9	40751	全日本空輸	2017/04/18	現役稼働中
JA892A	Boeing787-9	34513	全日本空輸	2017/06/13	現役稼働中
JA893A	Boeing787-9	61519	全日本空輸	2017/07/26	現役稼働中
JA894A	Boeing787-9	34517	全日本空輸	2017/09/21	現役稼働中
JA895A	Boeing787-9	61520	全日本空輸	2017/10/02	現役稼働中
JA896A	Boeing787-9	34499	全日本空輸	2017/12/01	現役稼働中
JA897A	Boeing787-9	61521	全日本空輸	2018/07/26	現役稼働中
JA898A	Boeing787-9	40752	全日本空輸	2018/03/28	現役稼働中
JA899A	Boeing787-9	34519	全日本空輸	2018/10/01	現役稼働中
JA900A	Boeing787-10	62684	全日本空輸	2019/03/29	現役稼働中
JA901A	Boeing787-10	62685	全日本空輸	2019/07/01	現役稼働中
JA902A	Boeing787-10	62686	全日本空輸	2022/10/18	現役稼働中
JA921A	Boeing787-9	43865	全日本空輸	2019/05/29	現役稼働中
JA922A	Boeing787-9	43867	全日本空輸	2019/08/02	現役稼働中
JA923A	Boeing787-9	61523	全日本空輸	2020/08/15	現役稼働中
JA925A	Boeing787-9	61526	全日本空輸	2021/04/28	現役稼働中
JA928A	Boeing787-9	61529	全日本空輸	2020/03/19	現役稼働中
JA932A	Boeing787-9	43866	全日本空輸	2020/03/31	現役稼働中
JA933A	Boeing787-9	61524	全日本空輸	2020/08/05	現役稼働中
JA935A	Boeing787-9	66522	全日本空輸	2022/11/24	現役稼働中
JA936A	Boeing787-9	66523	全日本空輸	2021/09/16	現役稼働中
JA937A	Boeing787-9	66524	全日本空輸	2021/11/04	現役稼働中

━ A330

登録記号	型式	製造番号	最終運航会社	新規登録年月日	抹消登録年月日
JA330A	Airbus A330-343E	1483	スカイマーク	2014/02/28	2015/03/25
JA330B	Airbus A330-343E	1491	スカイマーク	2014/02/28	2015/03/25
JA330D	Airbus A330-343E	1542	スカイマーク	2014/07/29	2015/03/25
JA330E	Airbus A330-343E	1554	スカイマーク	2014/09/11	2015/03/25
JA330F	Airbus A330-343E	1574	スカイマーク	2014/11/28	2015/03/24

Boeing

ちょっと面白い

オールラウンド中型機外伝
エアバスA330／A340 vs ボーイング767／787

日本の航空機産業とも深く関わってきたボーイング767と787。

1980年代初頭に誕生した767は今も現役で生産が続いており、最新の787は初のオールコンポジット機として注目され、現在は日本の空でも代表的な機体となった。

一方、1991年秋に初飛行したエアバスA340は、もはや絶滅危惧種となりつつある4発機。2021年に生産中止となってしまったが、約1年遅れで初飛行したA330は最新のA330neoに移行して生産中。生産数が380機に止まったA340の4倍以上が既に引き渡されている。

こうした767と787、A330とA340にまつわる興味深いエピソードを集めてみた。

文＝AKI

"展望デッキ"付きの機体も登場!?
エアバスのコーポレートジェット

エアバス
A330編

世の中には富裕層ご用達の豪華な旅客機があり、こうした機体はエグゼクティブジェットとかコーポレートジェットなどと呼ばれている。

ちなみにエアバスではACJ（エアバス・コーポレートジェット）、ボーイングではBBJ（ボーイング・ビジネスジェット）という呼称がある。

中型ワイドボディ機としてはエアバスにACJ330シリーズとACJ340シリーズがあり、ボーイングには787BBJがあるものの、残念ながら767BBJというのは存在しない。とはいえ767のコーポレートジェットがないわけではなく、メーカーとして用意していないだけだ。実際には767をコーポレート機に改修する企業が複数存在する。

さて、エアバスに話を戻そう。2023年春現在、77機が飛んでいるA340だが、ラスベガス・サンド社、マルタのエアXチャーター、サウジアラビアのスカイプライマ、アルファスター社などがコーポレートジェット（ACJ）としてA340を使用している。例えば、日本にもたびたび飛来するエアXチャーターのACJ340-500は座席数が100席。通常のA340-500は270〜310席だから、いかにゆったりとした配置かわかる。また、ラスベガス・サンド社のACJ340-500ではわずかに36席という豪華さだ。

しかし、これがA330になるとさらに凄い。カリブ海アルバ登録のコムラックス・アルバのACJ330は座席数がなんと15席！　機内はまるで豪華な役員会議室のようで、座り心地の良さそうな長いソファが目を惹く。通常の旅客機とは全く違うレイアウトだ。

▲▲ ACJ330のVIPキャビンのレイアウト例。役員会議室のような雰囲気が漂う。▲ルフトハンザ・テクニックが発表したACJ330「エクスプローラー」の想像イラスト。"展望デッキ"まで備える超豪華仕様だ。

そして2022年6月、ルフトハンザ・テクニックが発表した「エクスプローラー」は、正に「空飛ぶ豪華クルーザー」といった趣。ホテルのような装飾や設備は当然だが、驚くべきことに胴体前部が貨物ドアのように開き、そこからデッキがせり出す機構まで備えている。そのデッキの上で優雅に寛ぐことだってできるので、空港でのスポッティングには最高だろう。大富豪にとって「エクスプローラー」は、庶民のキャンピングカーみたいなものなのだろうか？

ボーイングとの顧客獲得競争が続く 多用途空中給油機A330MRTT

早期警戒管制機E-7Aに空中給油を行うA330MRTT。導入する国や機関の数を着実に伸ばしている。

貨物機で苦戦するエアバスの中型ワイドボディ機だが、別の用途では顧客が拡大している。それがMRTT（Multi Role Tanker Transport）、すなわち多用途空中給油機だ。既に英国、フランス、スペイン、カナダ、オーストラリア、サウジアラビア、アラブ首長国連邦、シンガポール、韓国、ブラジルに加え、欧州防衛機関（EDA:European Defence Agency）が多国籍多用途空中給

油機（Multinational Multi-Role Tanker Transport Fleet）として、運用または導入を決定している。また、ポーランド、オランダ、ノルウェーもMRTTを選定しており、2022年末時点で計56機が製造されている。対するライバルのボーイングKC-46は、米空軍向け128機契約分のうち68機が引き渡されており、他に日本とイタリアがそれぞれ6機、イスラエルが4機を調達。それ以前のKC-767もあり、数的にはボーイングが勝っている。一方でKC-46は給油システム（スマートグラスを採用しているが、これが暑い日の使用で問題になるなどしている）や品質保証問題などで、ボーイングに財務的には損失をもたらしている。また、面白いところでは、米国は全く新しい次世代空中給油機KC-Zまでのつなぎとして、橋渡し（Bridge Tanker Competition）のKC-Yを検討しているのだが、これに大手のロッキードマーチンがLMXTの名でエアバスのMRTTを提案している（ただし、これは実現しそうもない）。

　そのMRTTはエアバスに大きな損失をもたらすことなく、さらに進化しつつある。シンガポール空軍と共同で開発したA3R（automatic air-to-air refueling:自動空中給油システム）が世界で初めてスペイン国立航空宇宙技術研究所から認証を取得。これによりスマートMRTTへの一歩を踏み出した。既にオーストラリアなどが契約、2023年中の試験を経て、2024年半ばにA310で実証予定。A330と767、多用途空中給油機でのバトルはまだまだ続きそうだ。

空軍にMRTTをリースする民間会社
民間向けチャーター便も運航

民間機のリース会社は珍しくないが、英国のエアタンカー・サービスは社名の通り空中給油機を空軍にリース。さらには余剰機材を活用してLCCにもリースする。

　いまや航空機リースはごく普通のビジネスで、2022年時点でのリース機の割合は全体の51%（Cirium2022年9月公表の資料）と半分以上に達している。リース会社が新造機や中古機をエアラインにリースするのが一般的な航空機リース業だが、世の中には軍に機体をリースするだけでなく、軍でリザーブ（予備）となったリース機を活用して民間チャーター便を運航してしまう会社もあるから驚きだ。こ れを日本で例えるならば、航空自衛隊に機体をリースして、自衛隊が使わないときには民間機としてチャーター便を運航するといったところ。しかもLCCである。

　そんな驚きのビジネスを展開しているのは、2007年に設立され、2013年から運航を開始した英国のエアタンカー・サービス（AirTanker Services）。この会社は社名からも分かるように英国空軍に多用途空中給油機A330MRTTをリースするサービスを行っており、機体には「ボエジャー（Voyager）」の名が与えられている。これは英国空軍のMRTTに付けられている名前でもある。

　そして、前述の通りエアタンカー・サービスが展開しているのが、空軍でリザーブとなっているA330MRTTで民間向けチャーター便を運航するビジネスだ。そのために20席以上の旅客機運航に求められる英国航空局

（CAA）のAタイプと呼ばれる運航認可を取得。機体をオールエコノミー327席として、LCCのジェットツー・コム（Jet2.com）にリースして運航している。

このユニークなビジネスは、英国国防省がエアタンカー・サービスと締結した契約で実現した。国防省の目的は、空軍の輸送力と空中給油能力を維持することだが、エアタンカー・サービスはリース以外に英空軍の機体で旅客・貨物サービスを提供することができるのがメリット。もっとも2013年1月の初チャーターフライトは民間向けではなくキプロスへの国防大臣の輸送だった。その後、トーマスクックやコンドルといった大手ツアーオペレーターに機体をリース。メキシコやカリブ海へのチャーター便を運航するとともに空軍基地間の定期輸送（フォークランド諸島等）なども行っている。トーマスクックなき後の2022年夏にはジェットツー・コムがスペインなどへのリゾートチャーターを運航したが、機体にはジェットツー・コムのカラーリングが施された。なお、現在は4機のA330が使われているが、4機いずれもが民間登録機で空中給油システムは装備していない。

陰の救世主「プレイター」って何だ？
コロナ禍で貨物輸送に活躍したA330/A340

Aki Archive

コロナ禍で大活躍した「プレイター」。マルシュ・アエロのA340-600には、コロナ対応に追われるNHSへの感謝を示す特別塗装機も登場した。

新型コロナの感染拡大が世界中に広がった2020～2022年、各国を往来する旅客需要が急減したことで困った問題が生じた。これまで航空貨物の半分以上を床下貨物室（ベリー）で運んでいた旅客便が減ったことで航空貨物輸送がままならなくなったのだ。ICAOの発表では、コロナ禍が深刻化した2020年春の段階で国際旅客便はほぼゼロ、国内旅客便も約2割まで減少していた。そこで活躍したのが貨物専用機（フレイター）や旅客機を貨物機として使用する「プレイター」だ。「プレイター」は消火設備が十分ではないことなどから運航に一定の制約があったものの、「プレイター」無しではコロナ禍の航空貨物の危機は乗り切れなかっただろう。

そんな「プレイター」の中で、A340、A330はそれなりに目立つ存在となった。とりわけ存在感を示したのが地中海の小島、マルタ籍の機体だ。航空機リースなどを手掛けていたマレシュ・アエロ（Maleth Aero）は2020年秋にA340-600（登録記号9H-EAL）をリースし、6月には「Thank You NHS ♡」（NHSは英国の国民保健サービスの略称）のタイトル機を飛ばし、その後もヨーロピアンカーゴ機として頑張っている。

また、エアハブエビエーション（A330、A340）、ハイフライ・マルタ（A330）といったマルタのオペレーターが「プレイター」を運航。他にもイタリア半島中北部の小国サンマリノのサンマリノ・エグゼクティブ・エビエーションなど、名の知られていない「プレイター」が活躍した。さらに、英国のタイタン航空のジオディス・エアネットワーク（A330）や中国宏遠グループ向け便を運航するエア・ベルギー（A330、A340）、スペインのワモスエア（A330）、スペイン郵便会社のコレオス（A330）などが

A330やA340で「プレイター」を運航した。加えて2020年秋からは、ハンガリーの大手LCCであるウィズエアが、ハンガリーの外務貿易省からA330Fを1機リースし、「HUNGARY」のビルボード・タイトルでその後も運航を続けている。同じくLCCでは、インドのスパイスジェットもA340「プレイター」を1機リースしていた。コロナ禍においても貨物輸送の主力はもちろん大手貨物航空会社やメガキャリアなどであったのだが、名も知られていないようなオペレーターやLCCのA330/A340「プレイター」は陰の救世主でもあった。

最先端の層流翼研究機に変身 主翼を大改造したA340初号機

航空機が飛行する際には機体の表面に空気の流れが生じるが、不規則で乱れた空気の流れは乱流と呼ばれる。一方、そうでない穏やかな流れが層流で、乱流は摩擦抵抗が大きいのに対し圧力分布が一様な層流は摩擦抵抗が小さいという特徴がある。つまり、層流を主翼で作り出すことができれば燃費も良くなり、航空機にとっては好ましいことになるのだが、流体のほとんどは乱流だ。

そこで2017年、EUの「クリーンスカイ」プロジェクトでエアバスは、層流状態を保持する自然層流翼の研究を開始した。これがBLADE（Breakthrough Laminar Aircraft Demonstrator in Europe）である。1991年秋に初飛行したA340の初号機（登録記号F-WWAI）の両主翼端には若干後退角の浅い層流翼が取り付けられ、2017年から2018年にかけて実証飛行を行った。そ

自然層流翼の研究・開発のためA340初号機を改造して誕生したBLADE。異様な翼端形状が目を惹く。

の結果、層流翼では、飛行距離800nm（約1,480km）で約5%燃料を削減でき、全体の抗力を1.5～2.5%低減できることがわかった。プロジェクトが終了した後、F-WWAIは2019年夏からタルブ・ルルド・ピレネー空港にストアされている。

その後、新たに「クリーンエビエーション」というプロジェクトが始まり、今度は電動ハイブリッド機や水素航空機などの研究に取り組むことが決まっているが、実証機はA340からA380に世代交代することになる。

幻となったANAのA340は超レア機？ 製造機数わずか1機のA340-8000

A340は、日本のエアラインでは1機も運航されたことがない機種だ。しかし、1990年にANAが35機の新型機を発注（総額は当時で58億ドル）した際、ボーイング777を確定15機、オプション10機で発注したのとともに、5機のA340を発注し、加えて5機をオプション発注した。

ANAは1986年に定期国際線に参入したが、それから数年しか経っていない当時はライバルであるJALを追いかけていた時期。前年の1989年に初の欧州路線としてロンドン線を開設し、さらなる路線拡大を目指して

幻となったANAのA340は超長距離型のA340-8000と呼ばれるタイプ。結局このタイプは1機しか製造されず、サウジアラビア政府機として運用されている。

Charlie FURUSHO

欧州製のエアバス機を発注したとも報じられた。当初の計画では1995年に初号機を受領する予定だったが、これが遅延。結局、正式な発表がないままA340はキャンセルされ、代わりに日本初のA321がANAに導入されることになった。

ところでANAが発注したA340は、A340-8000と呼ばれる機体だった。これはブルネイのポルキア国王向けに開発されたウルトラロングレンジのA340で、-200の派生型。ロー

ンチカスタマーは1993年に発注したルフトハンザ ドイツ航空だった。燃料タンクを追加することで、通常のA340-200の6,700nmを超える8,000nmの航続能力を有することから-8000の型式名が付けられたのだが、実際に製造されたのはたったの1機だけ。1997年12月に初飛行した製造番号204の機体だ。翌年11月にブルネイ政府に引き渡され、2002年8月にルフトハンザ・テクニックに登録（D-ASFB）、2007年2月からサウジアラビア政府でVIP機として運航されている。現在の登録記号はHZ-HMS2。

ANAのA340導入が遅延した背景には-8000の開発遅れが影響した可能性もあるが、幻となったトリトンブルーのA340は、超レアなA340になる可能性もあったというわけだ。

異様な外観に魔改造された767は使用目的もいささか物騒な軍用機

異様な外観を持つ767改造のAST。現在は退役しており、砂漠の空港でストアされている。

Aki Archive

数あるボーイング767の中で最も魔改造された767といえば、「エイリアン」を連想させるASTだろう。ボーイング767のプロトタイプ機（N767BA）を改造したテストベッド機で、ASTは「Airborne Surveillance Test Bed」の略。その目的の一つは、日本海軍の戦艦「長門」も沈んでいるクェゼリン環礁のクェゼリン・ミサイルレンジでのICBM発射や弾道の再突入をモニタリングすることだった。

1995年秋、ボーイング・ディフェンス・アン

ド・スペース・グループは、当時の米国陸軍宇宙戦略防衛司令部（Army Space and Strategic Defense Command）からASTの予算を獲得し、機体改造や装備システム開発などでその後も2000年代初めまで予算がつけられた。

「エイリアン」や「コブダイ」を思わせる胴体前部のコブは「キューポラ」とも呼ばれ、その長さは86フィート（約26m）もあった。ここに大型のLWIR（長波長赤外線）センサーシステムなど複数のASTセンサーを格納したモジュールを装備。センサーはレイセオンのインターセプト・シーカーで、MWIR（中波長赤外線）カメラも取り付けられ、機内にはコンカレント・ターボホーク（TurboHawk）のマルチCPUフライトコンピューターなどのデータ処理機器やGPSプロセッサー、シリコングラフィックス社のワークステーション、データ

記録装置、オペレーション・コンソールなどが配された。ちなみにプログラムのほとんどは1979年に国防総省が開発したAdaと、C++が使われた。

ASTはクェゼリン・ミサイルレンジのほか、パシフィック・ミサイルレンジ、イースタン・テストレンジ、ホワイトサンズ・ミサイルレンジ、ワロッ プス飛行施設などで運用され、多くのデータを収集、性能実証ミッションも行われた。

役目を終えたASTは、2003年からカリフォルニア州のヴィクターヴィル空港にストアされている。ただし、機体のストア状態はあまり良くないようで、残念ながら究極的魔改造機の767が再び飛ぶことはなさそうだ。

ANAが767をアジアで初発注も なぜか初導入はチャイナエアライン

1981年9月に初飛行し、ほぼ1年後にユナイテッド航空での運航が開始されたボーイング767。当初の767は胴体が短い-200で、3クラス168席での市場投入だった。767のローンチカスタマーはユナイテッド航空など米国大手で、筆者が1983年春にエバレット工場を訪れたときにはデリバリー前のユナイテッド航空、アメリカン航空、デルタ航空の767-200が並んでいた。しかし、767の受注数は当初、伸び悩んでいた。1978〜1979年にかけてはそれぞれ49機、45機とある程度まとまった発注があったものの、1980年の発注数は11機、1981年は5機、1982年にいたってはわずかに2機という状況だった。こうした中、767のセールスにはずみをつけたのがANAによる20機（767-200）の発注だった。

一方、767-200の引き渡しがはじまったのは1982年で、この年に20機の767-200がデリバリーされたが、そのほとんどは米国の大手エアラインやエア・カナダ向けのものだった。20機を発注したANA向けの767-200初号機が引き渡されたのは翌1983年4月のこと。当然、アジアで最初に767-200を受領するのはANAだと誰もが思っていた。ところが前年1982年12月20日の午後、良く晴れた羽田空港に1機の767-200が降りてきた。それはボーイングのデモ機でもなければ、ANA向

アジアで初めて767を発注したのはANAだったが、なぜか最初にデリバリーされたのはチャイナ エアライン。詳細は不明だが、7年ほどで他社へ売却されたレアな767だった。

けの767でもなく、B-1836の登録記号を持つチャイナエアラインのフルカラーをまとった機体だった。もちろん、アジア初の767だ。同社は翌年7月に2機目の767-200を受領したが、その後、2機の767は1989年末にニュージーランド航空に売却され、わずか7年でフリートから姿を消した。ちなみにトランスワールド航空（TWA）カラーをベースとした767のデモ機が羽田に飛来したのは1983年2月のこと。つまり、チャイナエアラインの767-200初号機は、ボーイングのデモ機やANAの初号機よりも早く羽田に飛来したのだ。

なぜチャイナエアラインに767-200がいち早くデリバリーされたのか、その理由は今もよく分からない。1982年は8月に米中の共同コミュニケが発表された年で、アメリカは中国を唯一の合法政府として承認したのだが、これに関連して台湾との間になにかあったのだろうか？ご存知の方がいればお教えいただきたい。

767が787や777を凌駕する珍現象
コロナ禍で引き渡し機数がまさかの逆転

Boeing

超ロングセラー機になりつつある767シリーズ。旅客型の製造は終了したものの、軍用型のKC-76は当分の間製造が続く。

ボーイング767シリーズの受注数は、2023年春の時点で1,392機。この数はボーイング旅客機の中ではボーイング707、757に次いで3番目に少ない数で、後から開発された777や787に生産数では追い抜かれている。一方、新造機の引き渡し期間は、複数の派生型が開発された737シリーズと747シリーズがそれぞれ56年、54年と長いのだが、実は3番手につけているのが767シリーズの41年である。このうち747シリーズは2023年に生産が終了したため、これ以上は伸びない。一方の767はといえば、FedExやUPSから貨物型の767Fを新たに受注しており、2020年代半ばまでは生産が続く。加えて、2023年3月に報じられたように米国空軍がさらに75機のKC-46の取得を決めれば、2029年まで引き渡しが続くことになる。仮に2029年までKC-46Aを含めて767シリーズの引き渡しが続けば期間は47年に達する。さすがに新型のMAXを擁する737シリーズを超えることは難しいだろうが、第4世代旅客機では間違いなくロングセラーだ。

もう一つ、コロナ禍の中での引き渡し数を見ると興味深い事実が浮かび上がる。コロナ前、777は多いときには年間100機近く、787は150機以上が引き渡されていた。一方の767は多い年でも30機に達することがなく、777、787の強さは一目瞭然だった。ところがコロナ禍で状況は一変。777シリーズの引き渡し数は年間20機台、787も製造上の問題が発生するなどして10〜30機台に減少した。ところが767は30機台、多いときには40機以上に増加したのである。コロナ禍の直撃を受けた中・大型機市場の厳しい状況がうかがえるが、この勢いで767の生産が続くのかどうかにも注目したい。

南極へ着陸した767　実は元スカイマーク機

2019年11月12日、英国タイタン航空のボーイング767-300ER（登録記号G-POWD）が南極にあるロシアのノボラザレフスカヤ基地に着陸した。ノボラザレフスカヤ基地は旧ソ連時代の1961年1月に開設された基地。タイタン航空はケープタウンにあるALCI（Antarctic Logistics Centre International）社に代わり、2020年2月までにケープタウンから767と757で計6便の南極フライトを実施して物資輸送などを行った。

そのノボラザレフスカヤ基地には「ブルーアイス」と呼ばれる長さ3,000m、幅60mの氷上滑走路があり、グルービングが施されていたが、それでも767と757には着陸時の衝撃を吸収するための延長脚が取り付けられていた。ちなみに南極フライトに使われた767はタイタン航空が運航した唯一の767でもあるのだが、元は2003年秋から約6年間にわたってスカイマークで運航されたJA767Dである。そして、このときタイタン航空の767は南極に

着陸した最大の旅客機となった。

ところで南極に最初に着陸した旅客機はアイスランド航空の757だ。2015年11月、南極において旅客機の着陸が可能かどうかを確認するために南極フライトが実施された。また、アイスランド航空は2021年2月にも、767でノルウェーのトロール基地へのフライトを実施している。

一方、エアバス機で最初に南極へ着陸したのはハイフライ・マルタのA340（登録記号9H-SOL）で、2021年11月2日に南極のウルフスファング（Wolfs Fang）に降り立った。この9H-SOLはA340-313HGW（High Gross

スカイマークのJA767Dとして飛んでいた767-300ER。のちにタイタン航空に移籍し、南極へのフライトに投入されることになる。

Weight）で、最大離陸重量は275トン。したがって、現時点では、南極に着陸した最大の機体は767ではなくA340となった。ただし、南極へのフライト数では767と757のボーイング勢がトップだ。

「スピリット・オブ・デルタ」従業員から会社に寄贈された767

米国のメガキャリア、デルタ航空は経営陣と従業員の関係が良好なエアラインとして知られている。そんな良好な関係を形にしたのが、1982年10月に引き渡されたボーイング767-200、登録記号N102DAだ。

N102DAがデリバリーされた1980年代初めは、米国の景気低迷や燃料価格高騰などでエアライン界にとって厳しい時代だった。この年はデルタ航空も35年ぶりに純損失を計上し、会社の財務状況が悪化していた。そんな中で3人の客室乗務員が立ち上げたのが「プロジェクト767」。これは従業員が会社に767機を1機寄贈しようというプロジェクトだ。そして、実際にデルタ航空の従業員の協力で3,000万ドルが集まり、「スピリット・オブ・デルタ」と命名された767が誕生した。胴体の「DELTA」の文字の前にはしっかりと「Sprit of Delta」のロゴも入っていた。N102DAの贈呈式には7,000人の従業員が参加し、N102DAはアトランタからフロリダ州タンパへの便で就航した。

アトランタのデルタ・ミュージアムで保存展示されている「スピリット・オブ・デルタ」。経営的に苦境に立たされた会社を支援しようと従業員が寄贈した機体だ。

N102DAはその後も複数の特別塗装機として運航された。1996年にはアトランタ・オリンピック・カラーに、2004年4月から2006年2月まではデルタ航空設立75周年記念の特別塗装で飛行した。2006年2月には再び引き渡し時のカラーリングに戻され、翌月に第一線から退いて同社のベースであるアトランタ空港にストアされた。そして5月にはデルタ・ミュージアムに移され、現在も同ミュージアムで大切に保管・展示されている。

さらなる魔改造機&エンジン換装
浮かんでは消える「767X」計画

ボーイング767には、これまで少なくとも2つの「767X」が存在した。その一つは「エイリアン」のような前述のAST機よりも、さらに魔改造なデザインの機体。1986年に検討が開始され、当時の747と767の間のキャパシティをもつ機体として設計された。既に就航していた747-300の標準座席数は400席。就航したばかりの767-300が260席ほどだから、その中間を目指す「767X」は少なくとも70席ほど席を増やす必要があった。しかも検討にあたっては、全く新しい機体を開発するのではなく、当時のボーイングの組立ラインが使えるなどいくつかの制約があった。その結果、ボーイングの設計陣は767の後部を2階建てにするという、なんとも凄いデザインを考え出したのだ。ある意味、胴体前部からコブ（キューポラ）が伸びたASTとは逆のパターンの異様なデザインだった。

しかし、この魔改造な「767X」が実現することはなかった。その理由には緊急時の脱出（90秒ルール）の問題もあったが、実はボーイングの技術者も、こんな風変わりなデザインの機体がきちんと飛ぶとは考えていなかったようだ。結果、この「767X」の考えは、777へと引き継がれることとなった。

もう一つの「767X」はずっと最近のことだ。それはボーイングのNMA（New Midsize Aircraft）と関連して報じられたもの。NMAはMoM（Middle of Market）をターゲットとし、A321XLR等に対抗するボーイングの計画機で、日本国内の航空機産業界でも注目されていた。

2019年10月、航空専門メディア『Flight-Global』は「767X-F」なる機体の検討がボーイング内で行われていることを報じた。これは767-400ERをベースにエンジンをGEnxに換装しようという計画。「F」が付いているので貨物機を想定していたが、同時に旅客型も検討されていたようだ。つまり「767X」である。

ただし、ボーイングは737MAXの運航停止やその後のコロナ感染拡大の影響、787の出荷停止などで財務的に非常に厳しい状況にあるせいか、その後このリエンジン計画の詳細が報じられることはなかった。エンジンをGEnxに換装した場合、重量が増加して燃費改善は10%程度にとどまるとの見方もあり、また、240～300席近い座席数となる767-400ERをベースとしているため、787-8と市場の一部が重複する可能性が指摘されていた。なによりも「767X」に関心を示す顧客は現れなかったようだ。なかなか実現しない「767X」だが、新たな「767X」は今後も浮上するのだろうか?

新型電子戦機となるはずだった767
曲折の末、バーレーン政府のVIP機に

ウクライナ危機を見ても分かる通り、現代は電子戦の時代だ。世界最強の米軍でもE-3「セントリー」早期警戒管制機（AWACS機）やE-8「ジョイントスター」（J-STARS: Joint Surveillance and Target Attack Radar System）をはじめとする、数多くの電子戦機を運用している。もっとも、E-3やE-8はいずれもボーイング707をベースとした機体で、

初飛行はそれぞれ1976年、1988年と古い。

そこで2003年にボーイング、ノースロップグラマン、レイセオンのチームは、新たにE-10 MC-2A（Multi-Sensor Command and Control Aircraft）の開発を目的に2億1,500万ドルの契約を獲得した。これはシステム開発や実証の前の研究開発（プレSDD: System Development and Demonstration）のための予算だったが、E-10のプロトタイプ機には767-400ERが選定された。

ところがプロジェクトが開始されてまもなく、E-10にE-3とE-8双方の能力を統合することは搭載システム間の干渉により難しいことが分かった。そこでE-10では「スパイラル」と呼ばれる3つのバージョンを設定して能力を強化することが計画された。しかし、2007年予算ではE-10の予算見直しが求められ、プロジェクトもSDDからTDP（Technology Development Program）に変更された。そして、最終的にはE-10の予算はキャンセルされた。残ったのは「スパイラル1」で計画されていたMP-RTIP（Multi-Platform Ra-

Yuta Warrence

バーレーンの政府特別機として日本にも飛来実績のあるA9C-HMH。この機体は本来、最新の電子戦機の開発に供されるはずだった。

dar Technology Insertion Program）やその派生型システムの開発予算だけ。つまり、航空機として767-400ERをベースとしたE-10のプロトタイプ機を開発する計画は消え去ったのだ。

ただ、E-10向けの767-400ERはすでに製造されていた。計画の変更で宙に浮いてしまったこの機体は結局、2009年1月にバーレーン・ロイヤル・フライトに売却され、2011年までに機内をVIP機向けに改装。現在はA9C-HMHの登録記号でバーレーン政府のVIP機として運航されており、日本にも何度か飛来している。

短期間で消えた超レアな特別塗装の787 現在はビーマン・バングラデシュ航空機に

ボーイング787編

2019年8月、ボーイングのエバレット工場に派手なカラーリングの787が姿を現した。元は2017年秋に香港航空（親会社のHNA）が発注した機体で、これがキャンセルされたため、特別塗装機「Dreams take flight」として登場することになったのだ。

この「Dreams take flight」は、ボーイングの従業員で構成されている世界最大級、60年以上の歴史を有する従業員コミュニティ・ファンドである「ECF:Employees Community Fund of Boeing」のプロモーション・カラー機だった。ピンクと紫のグラデーショ

AKI Archive

短期間で姿を消したため、非常にレアな存在だった特別塗装機「Dreams take flight」。その後はビーマン・バングラデシュ航空に売却された。

ンという、これまでに見たこともないようなカラーリングに加え、機体には「DONATE（寄付）」の文字や「$（ドル）」の記号、さらにはハートや手のひら、シャツなど様々な絵柄が描かれ

た楽しいデザインの機体だ。ちなみにこのカラーリングはすべてラッピングだというからそれも驚く。

しかし、この特別塗装機を目にする機会は限られていた。ボーイングが開催したゴルフ大会「ボーイング・クラシック」では上空を飛ぶ姿が見られたが、他にこの機体がお披露目されたのは9月16日～22日に開催された「ボーイング・フューチャー・オブ・フライト」のツアーや11月に開催されたドバイ・エアショーの時くらいだった。ドバイ・エアショーでは見

事なデモフライトを披露した「Dreams take flight」だったが、この時にはすでにビーマン・バングラデシュ航空への売却が決まっていた。そして11月には早くもラッピングが剥がされ、その年のクリスマス・イブにビーマン・バングラデシュ航空のフルカラーに装いを改めてダッカ空港に到着したのである。結果的に、「Dreams take flight」は期間限定の極めてレアな787特別塗装機として記憶されることになった。

やっと安住の地が決まった？
元メキシコ政府の787VIP機

Charlie FURUSHO

重量の超過により航空会社が受領を拒否した初期製造の787のうちの1機は運命に翻弄され、砂漠でストアされる期間も長かったが、ようやくタジキスタンに安住の地を得ることになったようだ。

人生と同様、ときに航空機もいろいろなことに翻弄される。2010年10月4日に初飛行したラインナンバー6の787も、そんな1機だ。

最初の悲劇は初期の787が抱えていた問題だ。初のオールコンポジット機である787は当初から様々な問題を抱えていたが、その一つが機体の強度不足。補強の必要が生じたことから機体重量は当初のスペックより重くなった。初号機の場合、増加した重量は9.8トン。787-8の運航空虚重量は約120トンだから、8％以上重くなったことになる。今はセントレアに展示されているこの初号機は、当然ながら目標の燃費を達成できなかった。

その後の機体では超過重量は減少したものの、ラインナンバー1～6の機体は商業飛行に供することのできる代物ではなかった。このためANA向けのラインナンバー2の787はアリゾナ州ツーソンのピマ航空博物館にANAカラーで展示されている。実はラインナンバー1～6の機体のうち5機は博物館に展示されるか、テストベッド機となるか、スクラップになっているのだが、ラインナンバー6の787だけがメキシコ政府のVIP機として引き渡された。価格は約290億円というから当時のリストプライスとさほど差はなかったようだ。

メキシコのVIP機（登録記号XC-MEX）となり、メキシコの独立革命に関わった「ホセ・マリア・モレーロス」の名前までつけられたこの機体はVIP仕様に機内を改装された後、2016年2月にメキシコ空軍にデリバリーされた。しかし、その運用期間は3年弱。2018年に新たに大統領となったアンドレス・マヌエル・ロペス・オブラドール大統領は、選挙でこの専用機を売却することを公約としていた。

このためラインナンバー6は、その年末からカリフォルニア州のヴィクターヴィルにストアされ、その後、何度かヴィクターヴィルとメキシ

コシティを行ったり来たりして、この春からはサンバーナーディーノ国際空港にストアされていた。まさに流浪の人生というところか。メキシコ政府としてはこの787をなんとか売却したかったが、いわくつきの機体ゆえにスクラップは逃れられないかと思われた。

しかし、捨てる神あれば拾う神あり。2023年4月、同機はタジキスタン政府に購入額のほぼ半値となる約123億円で売却され、タジキスタンのサモン航空にEY-001として登録、VIP機として運航されているのだ。米国ノマディックエビエーションでタジキスタン政府のフルカラーとなった787は、5月14日にカリフォルニアのサンバーナーディーノ国際空港からタジキスタンのドゥシャンベ空港にフェリーされた。そして、5月半ばに西安市で開催された中国・中央アジアサミットにタジキスタンの政府専用機としてデビューした。

人道支援のシンボルとして活躍する エンリケ・ピニェイロ氏保有の787

海外のエアラインでは、機体にその国の偉人や有名人などを描くことが珍しくない。そして2023年初めには、2022年にイランで発生したマフサ・アミニ抗議運動に関連した人々を描いた787が登場した。その787は、1956年にイタリア・ジェノバに生まれ、アルゼンチンの映画監督、俳優などとして知られるエンリケ・ピニェイロ氏が保有する機体だ。ピニェイロ氏は実に多才で、アルゼンチンのエアライン、LAPAのパイロットであるだけでなく、同国の航空事故調査官でもあった人物だ。現在は人道支援の活動家として知られている。

2021年2月、ピニェイロ氏は元アエロメヒコ航空の787を取得。VIP機の運航で知られるコムラックス・アルバが運航しているが、ピニェイロ氏自身も同機を操縦することができる。実はこの787、2022年5月に来日したバイデン大統領の随行記者団の搭乗機として、横田基地に飛来した機体（P4-787）でもある。

その後、2022年の7〜8月には、ロシアのウクライナ侵攻に反対するスローガンとして知られる「No War/Нет войне（戦争反対）」の大きなステッカーを機体前部に貼って飛んでいた。ピニェイロ氏は2022年春に自ら操縦桿を握り、数百人のウクライナ難民を乗せて

人道支援の活動家として知られるエンリケ・ピニェイロ氏が保有する787。ポートサイドの尾翼にはイランの人権問題で象徴的存在となったマフサ・アミニさんの肖像が描かれている。

ポーランドからイタリアに飛んでいる。

また、スペインなど複数の難民ケア団体と連携して「ソリデール（solidaire）」という組織を設立。2022年9月から今年の1月まで、この787は「ソリデール」の塗装で飛んでいた。

そして、その後に登場したのが、2022年9月13日にイランでヒジャブの着け方が適切でないとして、道徳警察（ガシュテ・エルシャド）により拘束され、3日後に死亡したマフサ・アミニさんをポートサイドに描いた787である。スターボードサイドには、マフサ・アミニ抗議運動に参加して逮捕され、懲役26年の刑を下されたイランのサッカー選手、アミル・ナスルアザダニ氏の肖像が描かれている。ピニェイロ氏の787は、正に人道支援のシンボルとして世界各地を飛んでいるわけだ。

Tokio Sato

Airbus

ライバル対決 名旅客機列伝 **2**　　オールラウンド中型機

ボーイング**787**&**767**

脇役から大空の主役へ！　**VS**　飛躍する中型ジェット機

エアバス**A330**&**A340**

2023年7月15日 初版第1刷発行

発行人　　山手章弘

発行所　　イカロス出版株式会社
　　　　　©IKAROS PUBLICATIONS,Ltd. All rights reserved.

　　　　　〒101-0051
　　　　　東京都千代田区神田神保町1–105
　　　　　出版営業部　　TEL　　03–6837–4661
　　　　　　　　　　　　E-mail　sales@ikaros.co.jp
　　　　　編集部　　　　E-mail　koku-ryoko@ikaros.co.jp
　　　　　URL　　　　　https://www.ikaros.jp

印刷　　　図書印刷株式会社
　　　　　Printed in Japan

ISBN978-4-8022-1311-0